智慧製造

網路科學中的
度量分析與應用

陳增強，雷輝，史永堂　著

崧燁文化

前言

　　人類社會是由複雜網路交織而成的，我們生活中處處都有網路的存在，如網路、交通網路、代謝網路、社交網路、合作網路、生物網路、電力網路、智慧物聯網路、智慧製造網路等，複雜網路的研究是當今科學研究中的一個焦點，與現實中各類高複雜性系統的研究有密切關係。　複雜網路的研究可以追溯到 1736 年的哥尼斯堡七橋問題，複雜網路研究的熱潮源於兩篇著名的文章。　1998 年，*Nature* 發表了兩位年輕的物理學家 D. J. Watts 和 S. H. Strogatz 關於網路的一篇論文。　一年多之後，*Science* 發表了另外兩位年輕的物理學家 A. L. Barabasi 和 R. Albert 關於網路的另一篇論文。　這兩篇論文引發了關於複雜網路的研究熱潮，這個熱潮迅速席捲全球，涉及數學、物理學、計算科學、控制科學、管理科學、社會科學、金融經濟科學等許多科學領域和通信、交通、能源、製造等工程技術領域。

　　複雜網路的表示、分析、比較和建模都十分依賴於對網路拓撲結構的屬性進行定量地刻畫，這些定量的描述和刻畫，就是所謂的複雜網路度量。　基於不同的研究目的和研究需求，引入了很多的度量，Costa 等於 2007 年年初在 *Advances in Physics* 上發表了一篇文章，全面系統地綜述了複雜網路中的各種度量。　隨著學者們對網路研究的不斷深入，越來越多的度量被挖掘、定義和研究，但是目前還沒有見到有一本專門介紹複雜網路度量的專著。

　　本書共分 10 章，第 1 章介紹了網路相關的基本概念以及常見的複雜網路模型，並對複雜網路度量進行了簡要闡述。　第 2 章敘述了進行複雜網路研究所需的圖論領域的基礎知識。　第 3 章介紹了與距離相關的一些度量，並對特殊的距離度量：平均距離和直徑，給出了冪律隨機圖的一些經典結果。　第 4 章提出了一些為研究網路的聚類和圈結構而建立的度量，並討論了一個無標度隨機圖的聚類係數。　度分布是網路的一個重要拓撲特徵，第 5 章主要研究了網路的度分布及相關關係，並總結了與度相關的度量。　熵在離散數學、通信科學、電腦科學、資訊理論、統計學、化學、生物學等不同領域有著重要的應用，學者們引進網路熵來衡量網路和圖的性質，第 6 章我們將簡要介紹網路熵的相關內容。　第 7 章首先概述了近年來在網路特徵譜方面的進展，然後利用特徵譜來研究網路的一些特性。　在機器學習和數據挖掘中，我們經常需要知道個體間差異的大小，進而評價個體的相似性和類別。　相似性度量，即為綜合評定兩個事物之間相近程度的一種度量。　第 8 章介紹一些常見的衡量網路相

似性的度量。 第 9 章進一步敘述了一些常見的複雜網路度
量。 第 10 章列舉了複雜網路度量的一些相關應用，包括網
路度量的極值問題、網路度量在分子網路中的應用、網路度
量在社會網路中的應用等。

　　本書在前人工作的基礎上，從圖論和數學的角度為大家
呈現一個網路度量的深入描繪，全面系統地介紹複雜網路的
各種度量及其性質，對於從事圖論、網路科學以及相關工程
領域的研究人員和工程技術人員具有很好的參考價值。

　　本書的內容包含了作者近幾年一些新的研究成果。 本書
在寫作過程得到了許多專家學者的支持和鼓勵，特別感謝上
海交通大學的李少遠教授，正是因為他的邀請，本書才得以
入選「中國製造 2025」出版工程。 本書的完成也得到了國家
自然科學基金、天津市人才發展特殊支持計劃「青年拔尖人
才」、天津市自然科學基金、中央高校基本科研業務費以及
南開大學百優青年學者基金等的資助和支持。

　　由於作者水準有限，書中難免會有疏漏之處，敬請同行
和讀者不吝賜教，我們當深表感謝。

著　者

目錄

1   第 1 章   複雜系統與複雜網路

18   第 2 章   圖論簡介

第1章

複雜系統與
複雜網路

1.1 複雜系統與複雜網路簡介

1.1.1 複雜系統

系統[1,2] 在自然界和人類社會中是普遍存在的，如太陽系是一個系統，人體是一個系統，一個家庭是一個系統，等等。系統的種類很多，可以依據不同的原則對系統進行分類。根據系統的本質屬性，從系統內子系統的關聯關係角度可劃分為簡單系統和複雜系統。簡單系統指組成系統的子系統或簡單個體數量較少，因而它們之間的關係也比較簡單，或盡管子系統數目多或巨大，但之間關聯關係比較簡單，也稱為簡單系統。另一類系統統稱為複雜系統，它們最主要的特徵是系統具有眾多的子系統和狀態變量，關聯及反饋結構複雜，輸入與輸出呈現非線性特徵。

複雜系統試圖解釋在不存在中央控制的情況下，大量簡單個體如何自行組織成能夠產生模式、處理資訊甚至能夠進化和學習的整體。這是一個交叉學科研究領域。「複雜」一詞源自拉丁詞根 plectere，意為編織、纏繞。在複雜系統中，大量簡單成分相互纏繞糾結，而複雜性研究本身也是由許多研究領域交織而成。複雜系統專家認為，自然界中的各種複雜系統，比如昆蟲群落、免疫系統、大腦和經濟，這些系統在細節上很不一樣，但如果從抽象層面上來看，則會發現它們有很多有趣的共性。

（1）局部資訊，沒有中央控制

在複雜系統中，個體一般都遵循相對簡單的規則，不存在中央控制或領導者。每個主體只可以從個體集合的一個相對較小的集合中獲取資訊，處理「局部資訊」，做出相應的決策。系統的整體行為是透過個體之間的相互競爭、協作等局部相互作用而湧現出來的。最新研究表明，在一個螞蟻王國中，每一只螞蟻並不是根據「國王」的命令來統一行動，而是根據同伴的行為以及環境調整自身行為，從而實現一個有機的群體行為。

（2）訊號和資訊處理

所有這些系統都利用來自內部和外部環境中的資訊和訊號，同時也產生資訊和訊號。

（3）智慧性和自適應性

所有這些系統都透過環境和接收資訊來調整自身的狀態和行為進行適應，即改變自身的行為以增加生存或成功的機會。系統在整體上顯現出更高層次、更加複雜、更加協調職能的有序性。

另外，複雜系統還具有突現性、不穩性、非線性、不確定性、不可預測性等特徵。

現在我們可以對複雜系統加以定義[3]：複雜系統是由大量可能相互作用的組成成分構成的網路，不存在中央控制，透過簡單運作規則產生複雜的集體行為和複雜的資訊處理，並透過學習和進化產生適應性。如果系統有組織的行為不存在內部和外部的控制者或領導者，則也稱之為自組織。由於簡單規則以難以預測的方式產生複雜行為，這種系統的宏觀行為有時也稱為湧現。這樣就有了複雜系統的另一個定義：具有湧現和自組織行為的系統。複雜性科學的核心問題是：湧現和自組織行為是如何產生的？

複雜系統理論是系統科學中的一個前沿方向，它是複雜性科學的主要研究任務。複雜性科學被稱為 21 世紀的科學，它的主要目的就是要揭示複雜系統的一些難以用現有科學方法解釋的動力學行為。與傳統的還原論方法不同，複雜系統理論強調用整體論和還原論相結合的方法去分析系統。目前，複雜系統理論還處於萌芽階段，它可能蘊育著一場新的系統學乃至整個傳統科學方法的革命。生命系統、社會系統都是複雜系統，複雜系統理論在系統生物學、生物系統、社會與經濟系統、電腦及通信系統、智慧製造及智慧交通等系統中具有重要的應用前景。

1.1.2 複雜網路

網路是一組項目的集合，將這些項目稱為節點，它們之間的連接，稱為邊。如果節點按照確定的規則連線，所得到的網路就稱為規則網路。如果網路按照某種（自）組織原則方式連接，將演化成各種不同的網路，稱為複雜網路。近年來，複雜網路引起了許多相關領域研究人員的關注。複雜網路是具有複雜拓撲結構和動力學行為的大規模網路，複雜網路的節點可以是任意具有特定動力學和資訊內涵的系統的基本單位，而邊則表示這些基本單位之間的關係或聯繫。例如，Internet 網、WWW 網路[4,5]、社會關係網路[6~11]、無線通信網路、食物鏈網路[12]、科研合作網[13~16]、流行病傳播網路等都是複雜網路，如圖 1-1 所示。生活中存在著大量的複雜網路，這促使人們去研究這些複雜網路的行為。

三級消耗者

次級消耗者

初級消耗者

生產者

圖 1-1 　全球資訊網真實連接和食物鏈網路示意圖

　　錢學森先生給出了複雜網路的一個較嚴格的定義：具有自組織、自相似、吸引子、小世界、無標度中部分或全部性質的網路稱為複雜網路。從目前的研究來看，複雜網路主要包含兩層含義：一，它是大量真實系統的拓撲抽象；二，它介於規則網路和隨機網路之間，比較難以實現，目前還沒有生成能夠完全符合統計特徵的複雜網路。

　　複雜網路，簡而言之，即呈現高度複雜性的網路。汪小帆教授、李翔教授、陳關榮教授在《網路科學導論》[17] 一書中指出，複雜網路的複雜性主要表現在以下幾個方面。

　　① 結構複雜性。表現在網路節點數目巨大。由於節點連接的產生與消失，網路結構不斷發生變化。例如 WWW，網頁或連接隨時可能出現或斷開，節點之間的連接具有多樣性。例如節點之間的連接權重存在差異，且有可能存在方向性。從而，網路結構呈現多種不同特徵。

　　② 節點多樣性。複雜網路中的節點可以代表任何事物，例如，人際關係構成的複雜網路節點代表單獨個體，全球資訊網組成的複雜網路節點可以表示不同網頁。而且，在同一個網路中可能存在多種不同類型的節點。例如，控制哺乳動物細胞分裂的生化網路就包含各種各樣的基質和酶。

　　③ 動力學複雜性。節點集可能屬於複雜非線性行為的動力系統。例如節點狀態隨時間發生複雜變化。

　　④ 多重複雜性融合。即以上多重複雜性相互影響，導致更為難以預料的結果。例如，設計一個電力供應網路需要考慮此網路的進化過程，其進化過程決定網路的拓撲結構。當兩個節點之間頻繁進行能量傳輸時，它們之間的連接權重會隨之增加，透過不斷的學習與記憶逐步改善網路性能。

　　圖 1-2 為複雜網路示例。

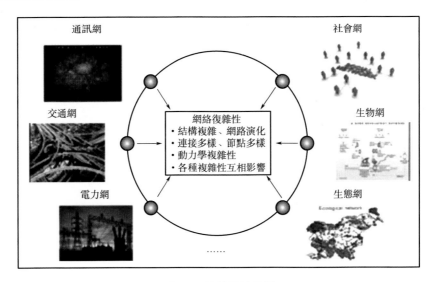

圖 1-2 複雜網路示例

目前，複雜網路研究的內容主要包括：網路的幾何性質、網路的形成機制、網路演化的統計規律、網路上的模型性質以及網路的結構穩定性、網路的演化動力學機制等問題。其中在自然科學領域，網路研究的基本測度包括：度及其分布特徵、度的相關性、集聚程度及其分布特徵、最短距離及其分布特徵、介數及其分布特徵，連通集團的規模分布等。

網路化是今後許多研究領域發展的一個主流方向，因此對複雜網路的研究具有重大的科學意義和應用價值。

定義 1-1 如果一個網路中的任意兩個節點之間都有邊直接相連，那麼就稱這個網路為全局耦合網路（如圖 1-3 所示）。如果一個網路中，每一個節點只和它周圍的鄰居節點相連，那麼就稱該網路為最近鄰耦合網路。

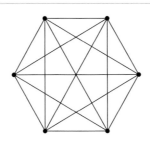

圖 1-3 6個頂點的全局耦合網路

在具有 N 個節點的所有網路中，全局耦合網路具有最多的邊數 $N(N-1)/2$。最近鄰耦合網路是最普通的規則網路，屬於該類的常見網路有三種：一維鏈、二維網格和一般最近鄰耦合網路，如圖 1-4 所示。三者的相同之處在於每個節點只與靠近自己的節點相連，而與遠離自己的節點不相連；不同之處在於每個節點的鄰點數不同。而對於擁有 N 個節點的最近鄰耦合網路，網路中的每個節點至少有兩個鄰點，最多有 k 個鄰點，k 必須為偶數且不大於 N。

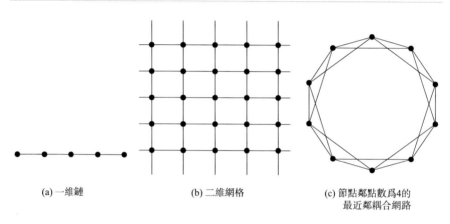

(a) 一維鏈　　　　　　　(b) 二維網格　　　　　(c) 節點鄰點數為4的
　　　　　　　　　　　　　　　　　　　　　　　　　最近鄰耦合網路

圖 1-4　幾種不同的規則網路

1.2　隨機圖模型

在現實世界中，不確定現象是普遍存在的。例如，漂浮在液面上的微小粒子不斷地進行著雜亂無章的運動，粒子在任一時刻的位置是不確定的；又如公共汽車站等車的人數在任一時刻也是不確定的，因為隨時都可能有乘客的到來和離去。這類不確定現象，表面看來無法把握，其實，在其不確定的背後，往往隱藏著某種確定的機率規律，因此，以機率和數理統計為基礎的隨機模型就成為解決此類問題最有效的工具之一。

如果網路的節點不是按確定的規則連線，譬如按純粹的隨機方式連線，所得到的網路就稱為隨機網路。1960 年現代數學大師、匈牙利數學家 Erdös 和 Renyi 建立了隨機圖理論，研究複雜網路中隨機拓撲模型（ER），自此 ER 模型一直是研究複雜網路的基本模型。

隨機網路的第一個模型：給定網路節點總數 N，網路中任意兩個節

點以機率 p 連線，生成的網路全體記為 $G(N,p)$，構成一個機率空間。由於網路中連線數目是一個隨機變量 X，取值可以從 0 到 $N(N-1)/2$，有 m 條連線的網路數目為 $\begin{bmatrix} N(N-1)/2 \\ m \end{bmatrix}$，其中一個具有 m 條連線的特定網路出現的機率為 $P(G_m) = p^m(1-p)^{[N(N-1)/2]-m}$。因此，該模型可生成的不同網路的總數為 $2^{N(N-1)/2}$，它們服從二項分布。網路中平均連線數目為 $pN(N-1)/2$。

隨機網路的第二個模型：給定網路節點總數 N 和連線總數 m，而這些連線是從總共 $N(N-1)/2$ 條可能的連線中隨機選取的，生成的網路全體記為 $G(N,p)$，構成一個機率空間。這樣可以生成不同網路的總數為 $\begin{bmatrix} N(N-1)/2 \\ m \end{bmatrix}$，它們出現的機率相同，服從均勻分布。網路中兩個節點連線的機率為 $p = 2m/[N(N-1)]$。

1.3　小世界網路

Watts 和 Strogatz 在分析了規則網路和隨機網路後發現：前者不存在短路徑，後者缺乏群集性；規則網路是秩序的象徵，隨機網路是混亂的代表；但現實網路不太可能是這兩個極端之一。1967 年美國社會心理學家 Milgram[18] 透過「小世界實驗」提出了「六度分離推斷」，即地球上任意兩人之間的平均距離為 6，也就是說只要中間平均透過 5 個人，你就能聯繫到地球上的任何人。隨後，一些數學家也對此進行了嚴格的證明。於是，1998 年 Watts 和 Strogatz[19] 在《自然》雜誌上發表了一篇開創性的論文，提出了網路科學中著名的小世界網路模型（WS 模型），刻畫了真實網路所有的大聚簇和短平均距離的特性。小世界網路的基本模型是 WS 模型，算法描述如下。

① 一個環狀的規則網路開始：網路含有 N 個節點，每個節點向與它最臨近的 K 個節點連出 K 條邊，並滿足 $N \geqslant K \geqslant \ln N \geqslant 1$。

② 隨機化重連：以機率 p 隨機地重新連接網路中的每個邊，即將邊的一個端點保持不變，而另一個端點取為網路中隨機選擇的一個節點。其中規定，任意兩個不同的節點之間至多只能有一條邊，並且每一個節點都不能有邊與自身相連。這樣就會產生 $pNK/2$ 條長程的邊把一個節點和遠處的節點聯繫起來。改變 p 值可以實現從規則網路（$p=0$）向隨機網路（$p=1$）的轉變。當 $p=0$ 時，每個節點都有 K 個鄰

點，完全沒有「隨機跳躍邊」，顯示一個規則網路模型；而在 $0 < p < 1$ 時，隨機重連邊的期望值是 $pNK(N \to \infty)$，顯示一個位於規則與隨機之間的模型；當 $p = 1$ 時，所有邊都隨機重連，模型轉化為一個 ER 隨機網路模型。

由於 WS 小世界模型構造算法中的隨機化過程有可能破壞網路的連通性，出現孤立的集團，而且不便於理論分析。於是，Newman 和 Watts[20] 提出了 NW 小世界網路模型，該模型是透過用「隨機化加邊」取代 WS 小世界網路模型構造中的「隨機化重連」。NW 小世界模型構造算法如下。

① 一個環狀的規則網路開始：網路含有 N 個節點，每個節點向與它最臨近的 K 個節點連出 K 條邊，並滿足 $N \geqslant K \geqslant \ln N \geqslant 1$。

② 隨機化加邊：以機率 p 在隨機選取的一對節點之間加上一條邊。其中，任意兩個不同節點之間至多只能有一條邊，並且每個節點都不能有邊與自身相連。改變 p 值可以實現從最近鄰耦合網路（$p = 0$）向全局耦合網路（$p = 1$）轉變。當 p 足夠小且 N 足夠大時，NW 小世界模型本質上等同於 WS 小世界模型。

1.4 無標度網路

WS 模型能夠反映現實網路的小世界特徵，然而現實世界中的網路還被統計到極少節點擁有大量的連接，而眾多的節點僅具有少量連接的特徵，這些也無法用隨機模型加以合理解釋。

ER 隨機圖和 WS 小世界模型的一個共同特徵就是網路的度分布可近似用帕松分布來表示，該分布在度平均值 $<k>$ 處有一個峰值，然後呈指數快速衰減。因此這類網路也稱為均勻網路或指數網路。20 世紀末網路科學研究上的另一重大發現就是包括 Internet、WWW、科研合作網路[13~16] 以及蛋白質相互作用網路[21,22] 等眾多不同領域的網路的度分布都可以用適當的冪律形式來較好地描述。由於這類網路的節點的度沒有明顯的特徵長度，故稱為無標度網路。這一概念由 Barabási 和 Albert[23] 在 1999 年提出，現在稱為 BA 無標度網路模型。它使得無標度網路成為網路科學中的一個重要課題。無標度網路度分布 $P(k)$ $\sim k^{-\gamma}$（其中 γ 稱為度指數）的最重要特徵是標度不變性。下面來解釋這一概念[24]。

考慮冪律函數 $y(x) = cx^\alpha$ 和指數函數 $z(x) = ce^{-x}$。現在改變測量

單位（標度），即乘以因子 λ，看看這兩個函數對標度改變的反應。顯然

$$y(\lambda x) = c(\lambda x)^{a} = \lambda^{a} c x^{a} = \lambda^{a} y(x) \tag{1-1}$$

$$z(\lambda x) = c e^{-\lambda x} = c(e^{\lambda})^{-x} \tag{1-2}$$

式(1-1) 說明函數圖形的形狀沒有變化，同時函數的指數也不變。然而，從式(1-2) 可知：函數圖形的形狀已經改變，或者函數的指數需乘以因子。這說明冪律函數具有標度不變性，即不依賴於所採用的測量單位；而指數函數則不具備這種特性。

Barabási 和 Albert 指出 ER 隨機圖和 WS 小世界模型忽略了實際網路的兩個重要特性：

① 增長特性，即網路的規模是不斷擴大的；

② 優先連接特性，即新的節點更傾向於與那些具有較高連接度的 hub 節點相連接。這種現象也稱為「富者更富」或「馬太效應」。

基於上述增長和優先連接特性，Barabási 和 Albert 提出了 BA 無標度網路模型，見如下算法。

BA 無標度網路模型構造算法如下。

① 初始：開始給定 N_0 個節點。增長：在每個時間步重複增加一個新節點和 $K(K \leqslant N_0)$ 個節點新連線。

② 擇優：新節點按照擇優機率 $\prod_i = \dfrac{k_i}{\sum_j k_j}$ 選擇舊節點 i 與之連線，其中 k_i 是舊節點 i 的度數。

實證研究發現，許多現實網路，包括社會網路、資訊網路、技術網路和生物網路都具有標度不變性，因此無標度網路的提出，極大地激發了科學界對網路科學的研究熱情。

1.5 社團結構的網路

近年來對眾多實際網路的研究發現，它們存在一個共同的特徵，稱之為網路中的社團結構。它是指網路中的節點可以分成組，組內節點間的連接比較稠密，組間節點的連接比較稀疏[25]，見圖 1-5。社團結構在實際系統中有著重要的意義：在社會網路中，社團可能代表具有類似興趣愛好的人群；在引文網[26] 中，不同社團可能代表了不同的研究領域；在食物鏈網中，社團可能反映了生態系統中的子系統；在全球資訊網中，不同社團反映網路的主題分類。

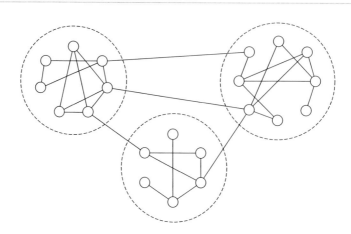

圖 1-5　一個小型的具有社團結構性質的網路

　　總之，分析大型網路中的社團結構有很大的潛在價值，因為屬於同一社團結構的點往往具有某些相同的屬性，這便於人們發現隱藏在網路中個體連接背後的資訊。因此，對網路中社團結構的研究是瞭解整個網路結構和功能的重要途徑，網路社團結構的劃分與度量成為新的焦點。

　　關於網路中的社團結構，目前還沒有被廣泛認可的唯一的定義，較為常用的是基於相對連接頻數的定義：網路中的節點可以分成組，組內連接稠密而組間連接稀疏。這一定義中提到的「稠密」和「稀疏」都沒有明確的判斷標準，所以在探索網路社團結構的過程中不便使用。因此人們試圖給出一些定量化的定義，如提出了強社團和弱社團的定義。強社團的定義為：子圖 H 中任何一個節點與 H 內部節點連接的度大於其與 H 外部節點連接的度。弱社團的定義為：子圖 H 中所有節點與 H 內部節點的度之和大於 H 中所有節點與 H 外部節點連接的度之和。此外，還有比強社團更為嚴格的社團定義——LS 集[27]。LS 集是一個由節點構成的集合，它的任何真子集與該集合內部的連邊都比與該集合外部的連邊多。另一類定義則是以連通性為標準定義的社團，稱之為派系[28]。派系是指由 3 個或 3 個以上的節點組成的全連通子圖，即任何兩點之間都直接相連。這是要求最強的一種定義，它可以透過弱化連接條件進行拓展，形成 n-派系。例如，2-派系是指子圖中的任意兩個節點不必直接相連，但最多透過一個中介點就能夠連通；3-派系是指子圖中的任意兩個節點，最多透過兩個中介點就能連通。隨著 n 值的增加，n-派系的要求越來越弱。這種定義允許社團間存在重疊性[29]。所謂重疊性是指單個節

點並非僅僅屬於一個社團，而是可以同時屬於多個社團。社團與社團由這些有重疊歸屬的節點相連。有重疊的社團結構問題有很好的研究價值，因為在實際系統中，個體往往同時具有多個群體的屬性。

上述社團的定義來自文獻［27］，除這個定義外，還有多種其他定義方式，文獻［6］進行了更為詳細的介紹。

1.6　網路的網路

網路科學的跨學科領域在過去二十年中引起了廣泛的關注，盡管大多數研究成果都是透過分析單一網路獲得的。然而，現實世界總是存在著大量相互關聯和彼此依存的錯綜複雜的網路。

長期以來，人們想弄明白參與者——不管是身體器官、人員、公車站、公司還是國家——是如何連接、交互，創造出網路結構的。20 世紀 90 年代後期，隨著網路科學的突飛猛進，網路如何運作以及為何有時又會發生故障，這些問題都得到了深入而細緻的分析。但是近來一些研究者意識到，僅僅瞭解獨立的網路如何工作是不夠的，研究網路之間如何交互同樣重要。如今，前沿領域不再是網路科學，而是研究「網路的網路」的科學。

網路的網路是常見的，多樣化的關鍵基礎設施系統通常耦合在一起，包括水、食品和燃料供應系統以及通信、金融市場和電力供應。人體、大腦、呼吸和心臟系統中的不同系統經常相互作用並相互依存，包括 Facebook、Twitter 和微博在內的社交網路在數億人生活中都扮演著重要角色，並將用戶連接到跨地域的互動網路系統。深化對「網路的網路」的瞭解，對於許多學科來說是重要的，並具有現實世界的應用。

「網路的網路」或超網路，實際上都是典型的複雜開放系統，網路之間相互嵌套、相互依存、彼此關聯、相互影響，它們至少具有下列諸多特點之一：多層性、多維性、多屬性、多重性、多目標、多參數、多準則、多選擇。在文獻［29］中，方錦清教授詳細闡述了「網路的網路」的特點。

Boccaletti 等 12 人在國際著名的《物理報告》中發表「多層網路的結構與動力學」綜述［29］，從多層網路角度［30］，結合「網路的網路」的主要特點，首次從數學上給出正式定義。他們給出的這個定義很適合描述社會系統以及其他複雜網路系統中的多層次網路及其許多現象。例如，可以同時考慮在不同社群之間的相互連接、不同層之間的關聯性質以及

每個層次的特殊性與整體網路的關係。

在相互依賴的網路中，一個網路中節點的故障導致其他網路中依賴節點的故障，這又可能對第一個網路造成進一步的損害，導致級聯故障和可能的災難性後果。因此，目前的研究結果表明，網路的網路產生災難性危害的風險高於單獨的網路系統。一個看似無害的干擾可以像漣漪一般造成擴散性的負面效應。有時候這種效應造成的損失可達數百萬甚至數十億美元之巨，比如股票市場崩潰、半個印度停電或者冰島火山噴發造成航線關閉以及酒店和租車公司倒閉等。在另外一些情況下，網路的網路內部是否發生故障可能意味著疾病是小規模爆發還是大面積流行，一場恐怖攻擊是被挫敗還是奪去幾千人生命。

「當我們孤立地考量單一的一個網路，我們便錯失了相當多的背景資訊。」加州大學戴維斯分校的物理學家、工程師雷薩・德蘇薩說，「我們會做出與真實系統不符的錯誤預測。」

揭示未知的相互作用只是網路的網路研究的課題之一。網路之間的聯結強度也很重要。如今，科學家們有了一幅網路科學的未來地圖，網路的網路提供了一片令人興奮的新疆域，但人們才只是剛剛踏足其中。「我們需要定義新的數學工具。」維斯皮那尼說，「我們需要收集很多數據。我們需要不斷探索才能真正摸清這片領域的情況。」

1.7 大數據時代的網路分析

我們生活在一個互聯實體構成的複雜世界中。人類涉足的所有領域，從生物學到醫學、經濟學和氣候科學，都充滿了大規模數據集。

大數據時代的數據呈現大量、多樣、真實、快速、價值等特點。這些數據集將實體模擬為節點，節點之間的連接被模擬為邊，從不同且互補的角度描述著複雜的真實世界系統。

數據時代的到來給致力於複雜網路的研究帶來了新的機遇和挑戰。

複雜網路的研究歷程體現了人們處理數據的能力不斷提升。以小世界實驗為例，米爾格拉姆當初的實驗只涉及到 300 人左右。2001 年，Watts 等人建立了一個「小世界項目」網站以檢驗六度分離假說，有 6 萬多名志願者參加了該實驗。近年來，各種在線社會網路不斷湧現，產生了規模越來越龐大的網路數據。2011 年，Facebook 資訊平臺對於其平臺上大約 7.21 億個活躍用戶的研究表明，兩個用戶之間的平均距離僅為 4.74[31]；2016 年 2 月發布的結果表明，Facebook 上大約 15.9 億活躍用戶之間的平均距離

縮短到了 $4.57^{[32]}$。汪小帆教授在文獻［33］中總結了數據時代的網路科學研究特別關注的一些問題，其中包括基於數據的網路構建、特徵挖掘、特徵建模、網路控制等重要問題。

（1）基於數據的網路構建

隨著人們能夠收集的數據規模越來越大，種類日益增多，如何基於大數據構建合適的網路也變得日益重要。例如，網路和 WWW 等網路通常透過爬取等方式獲得不完整節點和連邊，而生物網路中的許多連邊（如蛋白質之間的相互作用）目前尚未能透過實驗獲取。因此，對實際複雜網路進行分析面臨如下問題：如何獲得高品質的網路結構數據？如何科學地分析數據品質？對不完整的網路結構數據所做的分析在多大程度上能夠推廣到整個網路？此外，即使有了高品質的網路數據，針對所研究的問題，往往也需要對數據做恰當的預處理以生成合適的網路。

（2）基於網路的特徵挖掘

近年來，人們從不同的角度嘗試揭示實際複雜網路的各種結構性質，並取得了不少有價值的成果。但是，網路科學發展到今天已遠不能僅僅停留在計算小世界和無標度等性質的水準上，必須要有新的發現與認識，解決新的問題，如：哪些拓撲性質對刻畫網路結構具有重要性？各種拓撲性質之間具有什麼樣的關係？同時，如何有效處理包含數千萬乃至數億節點的網路等相關的算法問題也是在大數據背景下面臨的新挑戰。基於大數據的算法研究有可能成為複雜性科學研究的技術基礎之一，從節點重要性分析、社團結構挖掘到鏈路預測和推薦算法等，其算法複雜性分析、快速近似算法、平行計算、分布式圖儲存問題等都值得深入研究。

（3）基於特徵的網路建模

前些年網路科學研究主要集中於固定拓撲結構的網路，而現實網路很多是隨時間和空間變化的。在含有時間空間的網路上的動力學過程可能會呈現出與靜態網路和非空間網路極為不同的規律。許珺等在《中國電腦學會通訊》上發表的文章對空間網路數據挖掘作了很好的綜述$^{[34]}$。此外，以前網路科學研究主要針對的是單個網路，而事實上許多網路都不是孤立存在的，而是與其他網路之間存在著相互依賴、合作或競爭等關係。隨著數據獲取能力的不斷增強，對多層網路（也稱網路的網路）的理論與應用研究將會不斷深入$^{[35]}$。

（4）數據驅動的網路控制

在控制界，對大系統控制的研究已有較長的歷史並取得了不少成果。對於大規模複雜網路系統的控制而言，近年關注的重點是能否以及如何

透過對部分節點直接施加控制而達到控制目標[31]。一些挑戰性問題包括：①可行性問題，當網路規模很大時，控制理論中已有的判據和算法的計算複雜度往往難以承受，因此需要尋找新的有效算法；②有效性問題，如何選取受控節點才能使得達到控制目標所花的代價盡可能小；③魯棒性問題，大規模複雜網路往往面臨由於隨機故障或者有意攻擊而導致的節點或連邊失效，需要給出判別大規模網路控制系統中的關鍵節點和連邊的有效算法。

1.8　複雜網路度量簡介

複雜網路的研究可以被概念化為圖論和統計力學之間的交叉，具有真正的多學科性質。每個複雜網路都會呈現一些特定的拓撲特性，它們描述了複雜網路的連通性和在網路上執行過程的動態的高度影響。複雜網路的分析、辨別、合成要依靠度量來描述。

2012 年，《Nature Physics》第一期聚焦複雜性，Barabási 在題為「網路取而代之」的評論中犀利地指出[36]，基於數據的複雜系統的數學模型正以一種全新的視角快速發展成為一個新的學科：「網路科學」。網路科學的普適性使得利用網路來建模並研究現實系統的功能和性質成為可能。網路的拓撲結構屬性刻畫了個體的連接方式並深刻影響著網路上的動態功能過程，因此識別、分析網路功能和性質就依賴於對網路拓撲結構屬性的有效量化。

對大規模網路結構性質的有效度量方法也是一個值得關注的重要課題。例如，對節點數在百萬以上的大規模複雜網路的社團結構分析仍然缺乏有效的計算方法，需要在算法速度和精度之間做很好的折中。此外，盡管無標度被認為是許多實際網路的一個特性，如何判斷實際網路的度分布是否可以近似用冪律分布來表示仍然需要仔細分析。

複雜網路的廣泛研究源於其在建模真實數據結構時表現出的靈活性和普適性。一個複雜網路可以展示出刻畫系統中個體的連接關係以及影響系統動態功能行使的結構特性。關於複雜網路結構特性度量方面的研究工作涉及到：將一個目標系統表示成網路結構；透過一系列富含系統結構資訊的度量指標，分析網路拓撲結構屬性；量化演化網路的結構屬性值的變化，說明系統動態演化過程中網路的連接關係是如何變化的；使用拓撲結構度量指標來挖掘不同結構類型的子圖模式；以及比較人們提出的模型網路和真實網路中特定度量值，來驗證模型的正確性。可以

看出，複雜網路的表示、分析、比較和建模都十分依賴於網路拓撲結構屬性的定量刻畫。

為了描述複雜網路的結構和特性，引入了多種度量方法，包括基於距離的度量、聚類係數、度相關性、網路熵、中心性、子圖、譜分析、基於社團的測量、分層度量和分形維數。在 2003 年，Newman[37] 對各種技術和模型進行了回顧，以幫助人們理解或預測這些系統的行為，包括諸如此類的概念，如小世界效應、度分布、集群、網路相關性、隨機圖模型、網路增長模型和優先附件，以及在網路上發生的動態過程。2007 年，Costa 等人[38] 撰寫了關於複雜網路度量的綜述。可能這是針對這個話題的第一個比較全面的綜述，得到了越來越多研究人員的關注。眾所周知，圖論在複雜網路的研究中起著重要的作用，計量圖論[39~41]是屬於圖論和網路科學的一個新分支。基於 Costa 等人的綜述文章，南開大學的陳增強教授、Dehmer 教授和史永堂教授撰寫了一篇新的綜述文章[42]，收錄在《Modern and Interdisciplinary Problems in Network Science：A Translational Research Perspective》一書中，從圖論和數學的角度為大家呈現了一個網路度量的簡明綜述。

參考文獻

---

[1] 錢學森，於景元，戴汝為. 一個科學新領域——開放的複雜巨系統及其方法論[J]. 自然雜誌，1990，（1）：3-10.

[2] 趙亞男，劉焱宇，張國伍. 開放的複雜巨系統方法論研究[J]. 科技進步與對策，2001，18（2）：21-23.

[3] 梅拉妮·米歇爾. 複雜[M]. 唐璐譯. 長沙：湖南科學技術出版社，2011.

[4] Albert R, Jeong H, Barabasi A L. Diameter of the World-Wide Web [J]. Nature, 1999, 401（6749）：130-131.

[5] Broder A, Kumar R, Maghoul F, Raghavan P, Rajalopagan S, Stata R, Tomkins A and Wiener J. Graph Structure in the Web [J]. Compuer Networks, 2000, 33: 309-320.

[6] Wasserman S, Faust K. Social Network Analysis: Methods and Applications [M]. Cambridge, UK: Cambridge Univ Press, 1994.

[7] Scott J. Social Network Analysis: A Handbook [M]. London: Sage Publications, 2000.

[8] Freeman L. The Development of Social Network Analysis [M]. Vancouver: Empirical Press, 2006.

[9] 劉軍. 社會網路分析導論[M]. 北京：社會科學文獻出版社，2004.

[10] Borgatti S P, Mehra A J, et al. Network Analysis in the Social Sciences [J]. Science, 2009, 323（5916）: 892-895.

[11] 周濤，汪秉宏，韓筱璞，等．社會網路分析及其在輿情和疫情防控中的應用[J]. 系統工程學報，2010, 25（6）: 742-754.

[12] Pimm S L. Food Webs[M]. Chicago: University of Chicago Press，2002.

[13] Newman M E J. Scientific Collaboration Network: I, Network Construction and Fundamental Results[J]. Physical Review E, 2001, 64（1）: 016131.

[14] Newman M E J. Scientific Collaboration Network: II, Shortest Paths, Weighted Networks, and Centrality[J]. Physical Review E, 2001, 64（1）: 016132.

[15] Newman M E J. The Structure of Scientific Collaboration Networks [J]. Proceeding of the National Academy of Sciences of the United States of America, 2001, 98（2）: 404-409.

[16] Barabási A L, Jeong H, Néda Z, et al. Evolution of the Social Network of Scientific Collaborations [J]. Physica A: Statistical Mechanics and its Application, 2002, 311（3-4）: 590-614.

[17] 汪小帆，李翔，陳關榮．網路科學導論[M]. 北京: 高等教育出版社，2012.

[18] Travers J, Milgram S. An Experimental Study of the Small World Problem[J]. Sociometry, 1969: 425-443.

[19] Watts D J, Strogatz S H. Collective Dynamics of 'Small-World' Networks[J]. Nature, 1998, 393（6684）: 440-442.

[20] Newman M E J, Watts D J. Renormalization Group Analysis of the Small-World Network Model[J]. Physics Letters A, 1999, 263（4）: 341-346.

[21] Jeong H, Mason S P, Barabási A L, et al. Lethality and Centrality in Protein Networks[J]. Nature, 2001, 411（6833）: 41-42.

[22] Maslov S, Sneppen K. Specificity and Stability in Topology of Protein Networks[J]. Science, 2002, 296（5569）: 910-913.

[23] Barabási A L, Albert R. Emergence of Scaling in Random Networks [J]. Science, 1999, 286（5439）: 509-512.

[24] 史定華．網路度分布理論[M]. 北京: 高等教育出版社，2011.

[25] Girvan M, Newman M E J. Community Structure in Social and Biological Networks [J]. Proceeding of the National Academy of Sciences of the United States of America, 2002, 99: 7821-7826.

[26] Redner S. How popular is your paper? An Empirical Study of the Citation Distribution[J]. The European Physical Journal B-Condensed Matter and Complex Systems, 1998, 4: 131-134.

[27] 李曉佳，張鵬，狄增如，等．複雜網路中的社團結構[J]. 複雜系統與複雜性科學，2008, 5（3）: 19-42.

[28] Palla G, Dernyi I, Farkas I, et al. Uncovering the Overlapping Community Structure of Complex Networks in Nature and Society [J]. Nature, 2005, 435（7043）: 814-818.

[29] 方錦清．從單一網路向《網路的網路》的轉變進程——略論多層次超網路模型的探索與挑戰[J]. 複雜系統與複雜性科學，2016, 13（1）: 40-47.

[30] Kurant M, Thiran P. Layered Complex Networks[J]. Physical Review Letters, 2006, 96（13）: 138701.

[31] Backstrom L, Boldi P, Rosa M, et al. Four Degrees of Separation [C]. New York: AMC, 2012: 33-42.

[32] Edunov S, DiukIsmail C, Filiz O, et al. Three and a Half Degrees of Separation [J]. Research at Facebook Blog, 2016.

［33］ 汪小帆. 數據時代的網路科學[J]. 中國電腦學會通訊，2016，4.

［34］ 許珺，陳娛，徐敏政. 空間網路的數據挖掘和應用[J]. 中國電腦學會通訊，2015，11（11）：40-49.

［35］ Gao Jianxi, Buldyrev S V, Stanley H E, et al. Networks Formed from Interdependent Networks[J]. Nature Physics，2012，8：40-48.

［36］ Barabàsi A L. The Network Takeover[J]. Nature Physics，2012，8（1）：14-16.

［37］ Newman M E J. The Structure and Function of Complex Networks[J]. SIAM Review，2003，45（2）：167-256.

［38］ Costa L F, Rodrigues F A, Travieso G. Characterization of Complex Networks: A Survey of Measurements[J]. Advances in Physics，2007，56：167-242.

［39］ Dehmer M, Emmert-Streib F. Quantitative Graph Theory-Mathematical Foundati

ons and Applications[M]. Boca Raton：CRC Press，2015.

［40］ Dehmer M, Emmert-Streib F, Shi Yongtang. Quantitative Graph Theory: A New Branch of Graph Theory and Network Science[J]. Information Sciences，2017，418：575-580.

［41］ Lang Rongling, Li Tao, Mo Desen, et al. A Novel Method for Analyzing Inverse Problem of Topological Indices of Graphs Using Competitive Agglomeration[J]. Applied Mathematics & Computation，2016，291：115-121.

［42］ Chen Zengqiang, Dehmer M, Shi Yongtang. Measurements for Investigating Complex Networks. In: Modern and Interdisciplinary Problems in Network Science: A Translational Research Perspective [M]. Boca Raton：CRC Press，2018.

第2章

圖論簡介

　　圖論是一門應用十分廣泛的數學分支，應用圖論解決運籌學、物理、化學、生物、電腦科學、網路理論、資訊論、控制論、社會科學以及管理科學方面的問題都有其獨特的優越性。圖論與數學的其他分支如群論、矩陣論、機率論、拓撲、數值分析、組合數學等都有著密切的關係。事實上，圖為任何一個包含一種二元關係的系統提供了一種數學模型。

　　眾所周知，圖論起源於一個非常經典的問題——哥尼斯堡七橋問題（見圖 2-1）。普萊格爾河流經哥尼斯堡小城，河中有兩個小島，在四塊陸地之間修建了七座小橋，將河中間的兩個島和河岸聯結起來。是不是可能存在路徑，使得人們可以走遍四個地區，而且把每座橋走一次並且只走一次？這在圖論中稱為「歐拉圖」問題。

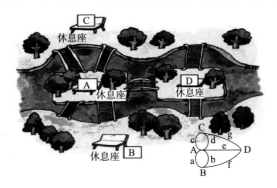

圖 2-1　七橋問題

　　1738 年，瑞典數學家歐拉解決了哥尼斯堡七橋問題。他將四塊陸地視為結點，七座小橋成為連接四個結點的連線，從而證明瞭這樣的路徑是不存在的。由此圖論誕生，歐拉也成為圖論的創始人。

　　本章主要介紹一些圖論的基本概念、符號和相關結果，供初學者入門。[1～3]

2.1　基本概念和符號

　　一個圖 G 是包含點集 $V(G)$ 和邊集 $E(G)$ 的有序對，其中每條邊是兩個頂點的一個集合。一條邊的頂點稱為它的端點，用 uv 表示一條具有端點 u 和 v 的邊。一條邊的端點稱為與這條邊關聯，反之亦然。與同一條邊關聯的兩個點稱為相鄰的，與同一個頂點關聯的兩條邊也稱為相鄰的。端點重合為一點的邊稱為環，有相同端點對的邊稱為重邊。如果一個圖既沒有自環也沒有重邊，就稱這個圖為簡單圖，否則，稱為重圖。

　　一個圖如果它的頂點集和邊集都有限，則稱為有限圖。沒有頂點的圖稱為零圖。不含邊的圖稱為空圖。只有一個頂點的圖稱為平凡圖，其他所有的圖都稱為非平凡圖。

　　一條路是頂點被安排在一個線性序列里使得兩個點是相鄰的，當且僅當它們在這個序列里是連續的一個簡單圖。同樣，一個圈是頂點被安排在一個圈序列里使得兩個點是相鄰的，當且僅當它們在這個序列里是連續的一個具有相同數目頂點和邊的圖。一條路或一個圈的長度是它們所包含邊的數目。對一個圈，按照所含邊的數目是奇數還是偶數，稱這個圈是奇圈還是偶圈。圖 2-2 描述了一條長為 3 的路和一個長為 5 的圈。

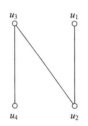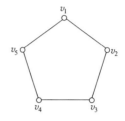

圖 2-2　一條長為 3 的路和一個長為 5 的圈

　　每對頂點之間均有一條邊連接的簡單圖稱為完全圖。簡單圖 $G=(V,E)$ 的一個團是指 V 中的一個子集 S，使得 $G[S]$ 是完全圖。G 的團數是 G 中所有團的最大頂點數。若 $G=(V,E)$ 中，可以把頂點集合 V 分割為兩個互補的子集 S，$T(S\cup T=V$，$S\cap T=\varnothing)$，使得每條邊都有一個端點在 S 中，另一個端點在 T 中，則稱 G 為二部圖。這樣一種分類 (S,T) 稱為圖 G 的一個二分類。完全二部圖是具有二分類 (S,T) 的簡單二部圖，其中 S 中的每個頂點都與 T 中每個頂點相連。星是滿足 $|S|=1$ 或 $|T|=1$ 的完全二部圖。利用圈的概念，可以給出二部圖的一個特徵：一個圖是二部圖當且僅當它不包含奇圈。圖 2-3 展示了一個完全圖、一個完全二部圖和一個星。

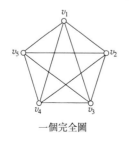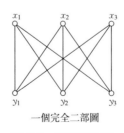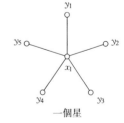

一個完全圖　　　　一個完全二部圖　　　　一個星

圖 2-3　三種特殊圖

稱圖 H 是圖 G 的子圖（記為 $H \subseteq G$），如果 $V(H) \subseteq V(G)$，$E(H) \subseteq E(G)$，並且對於 H 邊的頂點安排與 G 是相同的。當 $H \subseteq G$，但 $H \neq G$ 時，則記為 $H \subset G$，並且 H 稱為 G 的真子圖，G 的生成子圖是指滿足 $V(H) = V(G)$ 的子圖 H。

在 $G = (V, E)$ 中，假設 V' 是 V 的一個非空子集。以 V' 為頂點集，以兩端點均在 V' 中的邊的全體為邊集所組成的子圖，稱為 G 的由 V' 導出的子圖，記為 $G[V']$，$G[V']$ 稱為 G 的導出子圖。從 G 中刪除 V' 中的頂點以及與這些頂點相關聯的邊所得到的子圖，記為 $G - V'$。若 $V' = \{v\}$，則把 $G - \{v\}$ 簡記為 $G - v$。假設 E' 是 E 的一個非空子集，以 E' 為邊集，以 E' 中邊的端點全體為頂點集所組成的子圖，稱為 G 的由 E' 導出的子圖，記為 $G[E']$，$G[E']$ 稱為 G 的邊導出子圖。從 G 中刪除 E' 中的邊所得到的子圖，記為 $G - E'$。類似地，在 G 中添加 E' 中的所有的邊得到的圖，記為 $G + E'$。若 $E' = \{e\}$，則用 $G - e$ 和 $G + e$ 來代替 $G - \{e\}$ 和 $G + \{e\}$。圖 2-4 中畫出了這些不同類型的子圖。

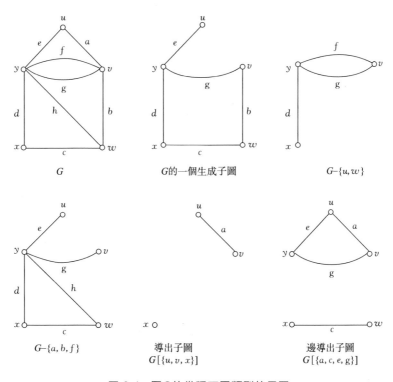

圖 2-4　圖 G 的幾種不同類型的子圖

若圖中的每條邊都是有方向的，則稱該圖為有向圖。有向圖中的邊是由兩個頂點組成的有序對，有序對通常用尖括號表示，如 $\langle v_i, v_j \rangle$ 表示一條有向邊，其中 v_i 是邊的始點，v_j 是邊的終點。$\langle v_i, v_j \rangle$ 和 $\langle v_j, v_i \rangle$ 代表兩條不同的有向邊。圖 2-5 表示一個有向圖 D。

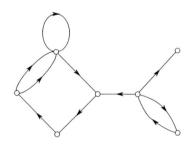

圖 2-5　有向圖 D

給定圖 G，對 G 的每條邊都賦一個實數，這個實數稱為這條邊的權。並稱這樣的圖 G 為賦權圖。圖 2-6 展示了 5 個頂點的一個賦權圖。

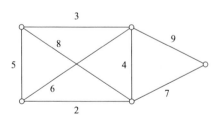

圖 2-6　賦權圖

賦權圖在實際問題中非常有用。根據不同的實際情況，權值的含義可以各不相同。例如，可用權值代表兩地之間的實際距離或行車時間，也可用權值代表某工序所需的加工時間等。賦權圖在圖的理論及其應用方面都有著重要的地位。賦權圖不僅指出各個點之間的鄰接關係，而且同時也表示出各點之間的數量關係。所以，賦權圖被廣泛應用於解決工程技術及科學生產管理等領域的最優化問題。最小支撐樹問題就是賦權圖上的最優化問題之一。

2.2 　度和距離

圖 G 的頂點 v 的度，記為 $d_G(v)$，是指 G 中與 v 關聯的邊的數目，每個自環算作兩條邊。特別地，如果 G 是一個簡單圖，$d_G(v)$ 表示 v 在 G 中的鄰點數目。在沒有歧義的情況下，一般僅僅簡寫為 $d(v)$。稱圖 G 是 k 正則的，如果對所有 $v \in V$，有 $d(v) = k$；正則圖是指對某個 k 而言的 k 正則圖。度為 0 的點稱為孤立點。用 $\delta(G)$ 和 $\Delta(G)$ 分別表示 G 中頂點的最小度和最大度。圖 G 中兩個頂點 u，v 的距離 $d_G(u, v)$ 表示的是在 G 中最短的 $u-v$ 路的長度；如果沒有這樣的路存在，令 $d_G(u, v) := \infty$。G 的直徑 $\operatorname{diam}(G)$ 是指 G 中任意兩個頂點之間距離的最大值。

2.3 　圖矩陣

由於現代電腦的誕生發展，使用矩陣對圖或者網路進行描述是非常適合的。用矩陣形式表述各種網路的拓撲統計性質，非常有利於編程的規範性和簡潔性。設 G 是一個圖，其中 $V(G) = \{v_1, \cdots, v_n\}$ 和 $E(G) = \{e_1, \cdots, e_m\}$ 分別是它的點集和邊集。

鄰接矩陣是應用最廣泛的矩陣。它描述各個節點之間的鄰接關係，因此包含了網路的最基本拓撲性質。G 的鄰接矩陣是一個 $n \times n$ 矩陣 $\boldsymbol{A}(G) = (a_{ij})$，其中 a_{ij} 是具有端點 $\{v_i, v_j\}$ 的邊的數目。每個自環被作為兩條邊計數。

關聯矩陣描述各個節點和各條邊之間的鄰接關係，因此包含了網路的最全面拓撲性質。G 的關聯矩陣是一個 $n \times m$ 矩陣 $\boldsymbol{M}(G) = (m_{ij})$，其中 m_{ij} 是 v_i 和 e_j 相關聯的次數（0，1 或 2）。

圖 G 的度矩陣是一個 $n \times n$ 的對角矩陣 $\boldsymbol{D}(G) = (d_{ii})$，其中 d_{ii} 是點 v_i 的度。

圖 G 的距離矩陣是一個 $n \times n$ 的矩陣 $\boldsymbol{Dis}(G) = (d_G(v_i, v_j))$，其中 $d_G(v_i, v_j)$ 是點 v_i 和點 v_j 之間的距離。

圈矩陣可以描述圖中所有圈以及它們的邊不交並所構成的圈與邊的關係。G 的圈矩陣是一個 $(2^{m-n+1}-1) \times m$ 矩陣 $\boldsymbol{C}(G) = (c_{ij})$，其中 $c_{ij} = 1$（若邊 e_j 在圈 i 中）；否則 $c_{ij} = 0$。

圖 G 的拉普拉斯矩陣是一個 $n \times n$ 矩陣 $\boldsymbol{L}_1(G) = \boldsymbol{D}(G) - \boldsymbol{A}(G)$。特別地，$G$ 的規範化拉普拉斯矩陣定義為

$$\boldsymbol{L}_2(G) = \boldsymbol{D}(G)^{-\frac{1}{2}}(\boldsymbol{D}(G) - \boldsymbol{A}(G))\boldsymbol{D}(G)^{-\frac{1}{2}}$$

也就是說，$\boldsymbol{L}_2(G) = \boldsymbol{D}(G)^{-\frac{1}{2}}\boldsymbol{L}_1(G)\boldsymbol{D}(G)^{-\frac{1}{2}}$。

G 的無符號拉普拉斯矩陣定義為

$$\boldsymbol{L}_3(G) = \boldsymbol{D}(G) + \boldsymbol{A}(G)$$

下面列出了圖 2-7 的幾種矩陣表示。

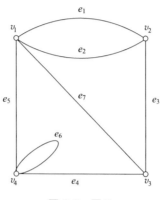

圖 2-7　圖 G

$$\boldsymbol{A}(G) = \begin{bmatrix} 0 & 2 & 1 & 1 \\ 2 & 0 & 1 & 0 \\ 1 & 1 & 0 & 1 \\ 1 & 0 & 1 & 1 \end{bmatrix} \qquad \boldsymbol{M}(G) = \begin{bmatrix} 1 & 1 & 0 & 0 & 1 & 0 & 1 \\ 1 & 0 & 1 & 0 & 0 & 0 & 0 \\ 0 & 0 & 1 & 1 & 0 & 0 & 1 \\ 0 & 0 & 0 & 1 & 1 & 2 & 0 \end{bmatrix}$$

$$\boldsymbol{D}(G) = \begin{bmatrix} 4 & 0 & 0 & 0 \\ 0 & 3 & 0 & 0 \\ 0 & 0 & 4 & 0 \\ 0 & 0 & 0 & 3 \end{bmatrix} \qquad \boldsymbol{Dis}(G) = \begin{bmatrix} 0 & 1 & 1 & 1 \\ 1 & 0 & 1 & 2 \\ 1 & 1 & 0 & 1 \\ 1 & 2 & 1 & 0 \end{bmatrix}$$

$$\boldsymbol{C}(G) = \begin{bmatrix} 1 & 1 & 0 & 0 & 0 & 0 & 0 \\ 0 & 1 & 1 & 0 & 0 & 0 & 1 \\ 0 & 0 & 0 & 1 & 1 & 0 & 1 \\ 0 & 0 & 0 & 0 & 0 & 1 & 0 \\ 1 & 0 & 1 & 0 & 0 & 0 & 1 \\ 0 & 1 & 1 & 1 & 1 & 0 & 0 \\ 1 & 0 & 1 & 1 & 1 & 0 & 0 \end{bmatrix} \qquad \boldsymbol{L}_1(G) = \begin{bmatrix} 4 & -2 & -1 & -1 \\ -2 & 3 & -1 & 0 \\ -1 & -1 & 4 & -1 \\ -1 & 0 & -1 & 3 \end{bmatrix}$$

$$\boldsymbol{L}_2(G) = \begin{bmatrix} 1 & -\dfrac{1}{\sqrt{3}} & -\dfrac{1}{4} & -\dfrac{1}{2\sqrt{3}} \\ -\dfrac{1}{\sqrt{3}} & 1 & -\dfrac{1}{2\sqrt{3}} & 0 \\ -\dfrac{1}{4} & -\dfrac{1}{2\sqrt{3}} & 1 & -\dfrac{1}{2\sqrt{3}} \\ -\dfrac{1}{2\sqrt{3}} & 0 & -\dfrac{1}{2\sqrt{3}} & 1 \end{bmatrix} \qquad \boldsymbol{L}_3(G) = \begin{bmatrix} 4 & 2 & 1 & 1 \\ 2 & 3 & 1 & 0 \\ 1 & 1 & 4 & 1 \\ 1 & 0 & 1 & 4 \end{bmatrix}$$

2.4　圖的連通性

　　一個非空圖 $G = (V, E)$ 的任何兩個點在 G 中都被一條路相連，則稱
這個非空圖是連通的。圖 G 的一個極大連通子圖稱為 G 的一個連通分支，
G 的連通分支的個數記為 $\omega(G)$。G 的含有奇數個頂點的連通分支稱為奇分
支。用 $O(G)$ 表示 G 的奇分支的個數。圖 2-8 展示了連通的圖和不連通的圖。

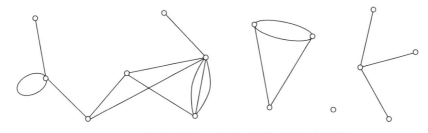

圖 2-8　一個連通圖和一個有三個分支的不連通圖

　　定義 2-1　圖 G 的頂點 v 稱為割點，如果 E 可以分為兩個非空子集 E_1
和 E_2，使得 $G[E_1]$ 和 $G[E_2]$ 恰好有公共頂點 v。若 G 無環且非平凡，則當
且僅當 $\omega(G-v) > \omega(G)$ 時，v 是 G 的割點。圖 2-9 中的 5 個實點即為割點。

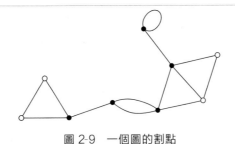

圖 2-9　一個圖的割點

定義 2-2 沒有割點的連通圖稱為塊。

一個圖的塊是指該圖的一個子圖,這個子圖本身就是塊,而且是有此性質的塊中的極大者。每個圖都是它的塊的並圖,這在圖 2-10 中作瞭解釋。

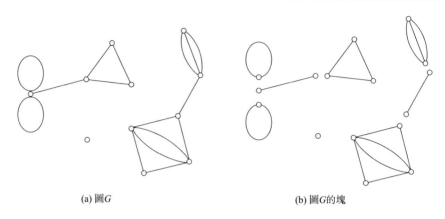

(a) 圖G (b) 圖G的塊

圖 2-10　圖G及圖G的塊

定義 2-3 對圖G,若$V(G)$的子集V'使得$\omega(G-V')>\omega(G)$,則稱V'為圖G的一個頂點割集。含有k個頂點的頂點割集稱為k-頂點割集。

定義 2-4 設$e \in E(G)$,如果$\omega(G-e)>\omega(G)$,則稱e為G的一條割邊。

圖 2-11 中給出的圖中指出了三條割邊,即三條加粗邊。

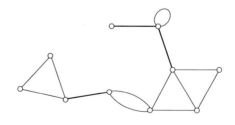

圖 2-11　圖的割邊

定理 2-1 邊e是G的一條割邊當且僅當e不包含在G的任一圈中。

定義 2-5 對圖G,若$E(G)$的子集E'使得$\omega(G-E')>\omega(G)$,則稱E'為圖G的一個邊割集。含有k條邊的邊割集稱為k-邊割集。

上面引進了圖的連通概念，現在來考察圖 2-12 的四個連通圖。

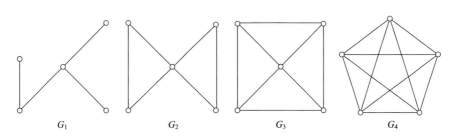

圖 2-12　四個連通圖

G_1 是最小連通圖，刪去任何一條邊都將使它不連通。G_2 不會因單單刪去一條邊而不連通，但刪去它的割點就能使它不連通。G_3 中既無割邊也無割點，但 G_3 顯然不如五個頂點的完全圖 G_4 連通得那麼好。因此直觀看來，每個後面的圖比其前面的圖連通程度更強些。下面定義一種參數來度量連通圖連通程度的高低。

定義 2-6　如果 $|V|>k$，並且對於任何的 $X\subseteq V$ 都有 $G-X$ 是連通的，其中 $|X|<k$，則稱 G 是 k-連通的。同理，如果 $|V|>1$，並且對於任何少於 l 條邊的集合 $F\subseteq E$ 都有 $G-F$ 是連通的，則稱 G 是 l-邊連通的。

在網路科學研究中，魯棒性是一個重要的課題。對於一個給定的網路，從該網路中移走一些節點，有可能使得網路中其他節點之間的路徑中斷。如果節點 i 和 j 之間的所有路徑都被中斷，那麼兩個節點之間就不再連通了。如果在移走少量節點後網路中的絕大部分節點仍是連通的，那麼就稱該網路的連通性對節點故障具有魯棒性。由上面的定義知道，如果一個網路是 k-連通的，那麼移走少於 k 個點後該網路仍是連通的。例如，圖 2-13 是 2-連通的。

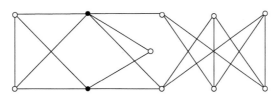

圖 2-13　一個 2-連通圖

定理 2-2 （Menger 定理）圖 G 是 k-連通的充分必要條件是 G 中任何兩個頂點之間都有 k 條兩兩內部頂點不交的路。圖 G 是 k-邊連通的充分必要條件是 G 中任何兩個頂點之間都有 k 條兩兩邊不交的路。

基於 Menger 定理，為了計算使得網路不連通所需去掉的最少頂點數，只需求出網路中任意兩個頂點之間所有的簡單路徑，然後求出包含路徑個數的最小值，而對於這個問題存在一個經典的有效算法——Dijkstra 算法。

有向圖的連通性

上面關於無向圖連通性的介紹都可以推廣到有向圖的情形。有向圖的連通性是指在有向圖中的一條從頂點 v_1 到頂點 v_k 的路徑 $P = v_1 v_2 \cdots v_k$，任意兩個相鄰的頂點 v_i 和 v_{i+1} 之間都有一條從 v_i 指向 v_{i+1} 的邊（v_i，v_{i+1}）。由此定義可以看出，在有向圖中若存在一條從頂點 v_i 到頂點 v_j 的路徑，並不意味著一定存在一條從頂點 v_j 到頂點 v_i 的路徑。

如果對任意頂點對 u 和 v，既存在從頂點 u 到頂點 v 的路徑，也存在從頂點 v 到頂點 u 的路徑，則該有向圖稱為是強連通的。如果有向圖不滿足強連通條件，但是如果把圖中所有的有向邊都看作是無向邊後所得到的無向圖是連通的，則該有向圖稱為是弱連通的。在弱連通圖中若存在一個子集滿足：該子集中任意一組頂點對之間都有相互到達的路徑存在，即該子集是強連通的，那麼稱最大的連通子集為該有向圖的強連通分支。對任意有向圖，最大的弱連通子集稱為弱連通分支。

2.5 樹

2.5.1 樹的概念和基本性質

不包含圈的圖稱為無圈圖，連通的無圈圖稱為樹。在一棵樹中，任意兩個頂點均有唯一的路連接。樹中度為 1 的點稱為葉子；度大於 1 的點稱為分支點或內部點。每個連通分支都是樹的圖稱為森林。圖 2-14 給出了六個頂點的樹。

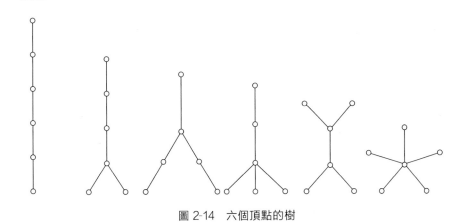

圖 2-14　六個頂點的樹

定理 2-3　設 $G=(V,E)$，$|V|=n$，$|E|=m$，則下列各命題是等價的：

① G 是連通的並且不含圈；

② G 中無圈，且 $m=n-1$；

③ G 是連通的，且 $m=n-1$；

④ G 中無圈，但在 G 中任意兩點之間增加一條新邊，就得到唯一的一個圈；

⑤ G 是連通的，但刪除 G 中任一條邊後，便不連通（$n\geqslant 2$），也即它的每條邊都是割邊；

⑥ G 中任意兩個頂點之間均有唯一的路連接（$n\geqslant 2$）。

2.5.2 深度和寬度優先搜索

由前面可以看到，連通性是圖的基本屬性，但是怎樣確定一個圖是否是連通的呢？在圖的規模比較小的情況下，只需檢查所有頂點對之間是否有路徑。然而，在大規模的圖中，這種方法可能是耗時的，因為要檢查的路徑的數量可能是令人望而生畏的。因此，希望有一個既有效又適用於所有圖的系統的程式或算法。對 G 的一個子圖 F，用 $\partial(F)$ 表示關於 F 的邊割集。

令 T 是圖 G 的一棵樹，如果 $V(T)=V(G)$，那麼 T 是 G 的一棵生成樹，於是 G 是連通的。但是如果 $V(T)\subset V(G)$，則會出現兩種可能：或者 $\partial(T)=\varnothing$，在這種情況下，G 是不連通的；或者 $\partial(T)\neq\varnothing$，在這種情況下，對任何邊 $xy\in\partial(T)$，其中 $x\in V(T)$ 和 $y\in V(G)\backslash V(T)$，

透過添加頂點 y 和邊 xy 到 T 中得到的仍是 G 的一棵樹。

使用上面的想法，可以在 G 中生成一序列根樹，開始於單個根頂點 r 組成的平凡樹，並終止於一棵生成樹或與相關聯的邊割集是空的非生成樹。將這一過程稱為樹搜索。如果目標只是確定一個圖是否連通，任何樹搜索都可以做到。然而，使用特定的標準來確定這個順序的樹搜索可以提供圖結構的額外資訊。例如，一個稱為廣度優先搜索的樹搜索可能會被用來尋找在圖上的距離，以社會關係網路為例，利用廣度優先搜索算法，可以找出你和地球上某個人之間的距離。另一個深度優先搜索，可以找到一個圖的割點。

（1）深度優先搜索介紹

圖的深度優先搜索和樹的先序遍歷比較類似。它的思想是：假設初始狀態是圖中所有頂點均未被訪問，則從某個頂點 v 出發，首先訪問該頂點，然後依次從它的各個未被訪問的鄰接點出發深度優先搜索遍歷圖，直至圖中所有和 v 有路徑相通的頂點都被訪問到。若此時尚有其他頂點未被訪問到，則另選一個未被訪問的頂點作起始點，重複上述過程，直至圖中所有頂點都被訪問到為止。顯然，深度優先搜索是一個遞歸的過程。

圖 2-15(a) 展示了一個連通圖的一棵深度優先搜索樹（加粗實線）。這棵樹中每個頂點 v 被標記為 $(f(v), l(v))$，其中 $f(v)$ 表示頂點 v 加入到這棵樹的時間，$l(v)$ 表示頂點 v 的所有鄰點都加入到這棵樹的時間。圖 2-15(b) 展示了這棵樹的另一種畫法。

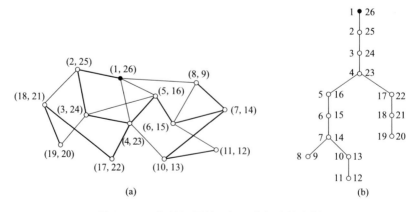

圖 2-15　一個連通圖的一棵深度優先搜索樹

（2）廣度優先搜索介紹

廣度優先搜索，又稱為「寬度優先搜索」，簡稱 BFS。它的思想是：
從圖中某頂點 v 出發，在訪問了 v 之後依次訪問 v 的各個未曾訪問過的
鄰接點，然後分別從這些鄰接點出發依次訪問它們的鄰接點，並使得先
被訪問的頂點的鄰接點先於後被訪問的頂點的鄰接點被訪問，直至圖中
所有已被訪問的頂點的鄰接點都被訪問到。如果此時圖中尚有頂點未被
訪問，則需要另選一個未曾被訪問過的頂點作為新的起始點，重複上述
過程，直至圖中所有頂點都被訪問到為止。換句話說，廣度優先搜索遍
歷圖的過程是以 v 為起點，由近至遠，依次訪問和 v 有路徑相通且路徑
長度為 1，2…的頂點。

圖 2-16 展示了一個連通圖的一棵廣度優先搜索樹（加粗實線），其
中圖 2-16(a) 中頂點的標號表示它們加入這棵樹的時間，而圖 2-16(b)
中頂點的標號表示它們到根節點的距離。

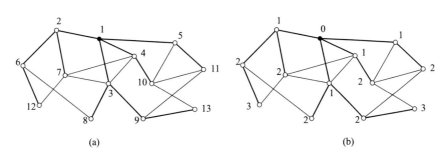

(a)　　　　　　　　　　　　　　(b)

圖 2-16　一個連通圖的一棵廣度優先搜索樹

2.5.3 最小生成樹

給定圖 $G=(V，E)$，令 T_G 是 G 的一棵生成樹，我們將 T_G 中的邊
稱為樹枝；G 中不在 T_G 中的邊稱為弦；T_G 的所有弦的集合稱為生成樹
的補。

通信網路設計問題的要求是，由所有中心點和選擇建造的連線子集所
構成的子圖應該連通。假設圖 G 的每條邊 e 有正費用 c_e，且子圖的費用就
是它的邊費用總和，那麼問題可表述為：給定連通圖 G，對每條邊 $e \in E$ 給
定正費用 c_e，找到 G 的一個最小費用連通生成子圖。利用費用為正這個事
實，可以證明最優子圖將是一種特殊類型。首先有下面的觀察結果。

引理 2-1 G 的邊 $e=uv$ 是 G 的某個圈中的邊當且僅當 $G \setminus e$ 中有一條從 u 到 v 的路。

由此可得，如果從一個連通圖的某個圈中刪除一條邊，那麼新的圖還是連通的，所以連接器問題的最優解將不含任何圈。因此可以透過解最小生成樹（MST）問題來求解連接器問題：給定連通圖 G，對每條邊 $e \in E$ 給定正費用 c_e，找到 G 的一棵最小費用生成樹。

有令人驚訝的簡單算法能夠找到一棵最小生成樹，這里描述兩個這樣的算法，它們都是基於「貪婪」原則——即在每一步都做最節省的選擇。

（1）MST 的 Kruskal 算法

保持 G 的一個生成森林 $H=(V，F)$，並且初始時取 $F=\varnothing$。在每一步往 F 中加一條最小費用邊 $e \notin F$ 並保持 H 是森林。當 H 是生成樹時停止。

（2）MST 的 Prim 算法

保持一棵樹 $H=(V(H)，T)$，對某個 $r \in V$，取 $V(H)$ 的初始集為 $\{r\}$，而 T 的初始集為 $\varnothing$。在每一步往 T 中添加一條不在 T 中的最小費用邊 e 使得 H 始終是一棵樹。當 H 是生成樹時停止。

樹是圖論中一個非常重要的概念，在電腦科學中有著非常廣泛的應用，例如現在電腦操作系統均採用樹形結構來組織文件和文件夾。

2.6 獨立集與匹配

設 X 是 V 的一個子集，若 X 中任意兩個頂點在 G 中均不相鄰，則稱 X 為 G 的獨立集。若 X 是 G 的獨立集，但任意增加一個頂點後就破壞它的獨立性，則稱這個獨立集 X 為極大獨立集。G 的一個獨立集 X 稱為 G 的最大獨立集，如果 G 不包含滿足 $|Y| > |X|$ 的獨立集。G 的最大獨立集的基數稱為 G 的獨立數，記為 $\alpha(G)$。圖 2-17 給出了彼得森圖的極大和最大獨立集。

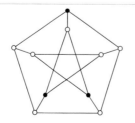 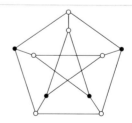

圖 2-17　彼得森圖的極大和最大獨立集

　　匹配問題是運籌學的重要問題之一，也是圖論的重要內容。它在所謂「人員分配」和「最優分配」等實際問題中有著重要的作用。

　　設 M 是 E 的一個子集，它的元素是 G 中的邊，並且這些邊中的任意兩個均不相鄰，則稱 M 為 G 的匹配。若頂點 v 與匹配 M 中的某條邊關聯，則稱 v 是 M 飽和的，否則稱 v 是 M 非飽和的。若 G 的每個頂點均為 M 飽和的，則稱 M 為 G 的完美匹配。若匹配 M 不可能是圖 G 的任何一個匹配的真子圖，則稱 M 為 G 的極大匹配。若 G 沒有另外的匹配 M'，使得 $|M'|>|M|$，則 M 稱為 G 的最大匹配。顯然每個完美匹配都是最大匹配。圖 2-18 給出五稜柱的一個極大匹配和一個完美匹配。

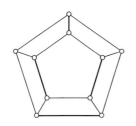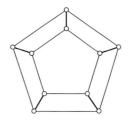

圖 2-18　五稜柱的極大匹配和完美匹配

　　定義 2-7　設 M 是 G 的一個匹配，G 的 M 交錯路是指其邊在 M 和 $E(G) \setminus M$ 中交替出現的路。如果 G 的一條 M 交錯路的起點和終點都是 M 非飽和的，則稱其為一條 M 可擴路或 M 增廣路。

　　定理 2-4　（Berge，1957）圖 G 的匹配 M 是最大匹配的充分必要條件是 G 中不存在 M 可擴路。

　　定理 2-5　（Tutte，1947）圖 G 有完美匹配的充分必要條件是對 $\forall S \subseteq V(G)$，$O(G \setminus S) \leqslant |S|$。

　　關於二部圖的匹配，有下面定理。

　　定理 2-6　（Hall，1935）設 G 是具有二劃分（X，Y）的二部圖，則 G 有飽和 X 的匹配當且僅當對 $\forall S \subseteq X$，$|N(S)| \geqslant |S|$，其中 $N(S)$ 表示 S 中所有點的鄰點組成的集合。

2.7　控制集

　　定義 2-8　在圖 $G=(V，E)$ 中，對於 V 的一個子集 S，若 G 的每個頂點或者屬於 S，或者與 S 中某個元素相鄰，則稱 S 為 G 的一個控制集。

　　圖的控制集的概念來源於網路服務站點的設計問題，例如在通信網路中，設圖中的點表示城市，邊表示城市之間有通信設備聯繫的關係，要在某些城市上建立轉接站使每個城市至少能從一個轉接站上接受資訊，則轉接站的定位問題就是求一個圖的控制集問題。

　　控制集這一概念的提出始於 Berge、Konig 和 Ore[4~6]，他們的著作與 Cockayne[7]、Cockayne 和 Hedetniemi[8] 以及 Larskar 和 Walikar[9] 等人的文章為後來的研究者提供了有益的啓示。在過去的三十多年里，對圖的各類控制集參數問題以及控制參數與圖的其他參數的關係問題的研究已經成為圖論研究的一個重要領域。在此期間，各種新的控制參數被不斷提出[10~12]，如具有「連通性」的控制集、具有「距離控制性」的控制集、具有「無贅性」的控制集等。

　　人們對經典控制集所做的限制各種各樣，比如，考慮控制集的各點之間是否相連，於是便出現了連通控制集；又如，考慮控制集之外的點同時被多少個控制集中的點所控制，便有了多重控制集，等等。其中，具有「連通性」的控制集由於其在無線通信技術中的應用引起了人們廣泛的關注。下面介紹幾類特殊的控制集。

2.7.1 連通控制集

　　無線網路[13] 的蓬勃發展，衝擊著人類的生活行為，在「有基礎設施」的無線網路結構中，兩臺移動設備在進行通信時，必須透過中間的固定介質作為中繼站，才能將資訊傳遞出去。一般常見的中繼站有基站、接收器等，中繼站的最大優點在於可以掌控移動設備的位置，就如同路由器[14] 的功能一般。但這些設備常因外在的因素（如戰爭、天災等）而遭到破壞，繼而使得無線設備之間無法溝通，所以，傳統的無線網路已無法滿足人類的需求。近年來，有許多專家開始重視「無基礎設施」的網路結構，其中，由於移動自組網以人類可以在任何時間、任何地點取得最新資訊為目標，因此更為各應用領域所重視。目前，移動自組網已經應用在險情控制、移動會議、戰地通信等諸多領域。

　　由於網路的邏輯拓撲結構不同，無線自組網[15,16] 可以分為平面型和層次型。在平面型網路結構中，每一個節點的等級相同，可同時作為主機或路由器，兩個移動終端之間可以透過無線電波直接通信，或者在協議允許的條件下透過多個中繼來建立連接。

　　但是，人們已經證明，在大型的動態自組網中，平面型的網路結構在應對系統節點增加的情況時，表現出的效果並不理想。於是，人們便

提出了層次型的網路結構模型。由於聚類結構[17] 就是一個典型的層次結構，因此很多專家傾向於對無線自組網提出有效的聚類方案，以此來建設系統的層次結構。

在一個聚類方案中，移動自組網被劃分成若干個簇，每一個簇中有一個「簇首」，而同時位於多個簇的節點被稱為網關。每個節點維護兩種數據結構：路由表和簇成員表。節點週期性地與同簇內的鄰居節點交換簇成員表，更新表資訊。當一個節點要通信時，數據包首先傳遞給自己所在簇的簇首，然後再轉發給目的節點。透過分簇，大大減少了維護路由表所需要的資訊量，提高了系統的運行效率。

一個自然的想法就是透過圖的控制集來構作聚類方案[18]。如圖 2-19 所示，圖中的黑點就構成了圖的控制集。可以用控制集中的點作為簇首，任何其他的點都可依控制關係被分配到某一簇首所在的簇中。通常，需要使簇首的數量儘可能小，但是，如果進一步限制簇首之間是相鄰的，或者是足夠靠近的話，這就會給處理實際問題帶來極大的便利。出於這方面的考慮，Das 等[19~22] 將連通控制集引入到了無線自組網的研究當中，在此之後，連通控制集在電腦科學中的作用也得到了越來越多學者的關注，也使它成為國際上的一個研究焦點。

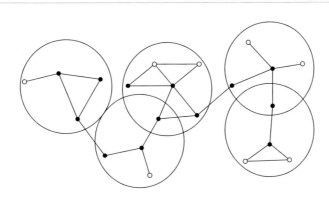

圖 2-19　聚類結構

定義 2-9　設圖 $G=(V，E)$ 是一個連通圖，S 是圖 G 的控制集，如果 S 導出的圖是連通的，則稱 S 是圖 G 的連通控制集。

2.7.2 弱連通控制集

在無線自組網路的路由協議設計問題中，連通控制集理論的應用十

分廣泛，但是，由於連通控制集對連通性的要求過高，基於這種路由協議的網路中的骨幹節點的數目將會很大，這在網路節點少的時候不成問題，但在網路節點不斷增加的情況下，骨幹節點帶來的能量消耗將非常可觀。為了改善這種狀況，Chen 和 Liestman[23,24] 應用「弱連通控制集」提出了新的網路構架。

定義 2-10 設 S 是圖 $G = (V, E)$ 的控制集，如果與 S 中的點關聯的邊導出一個連通的圖，則稱 S 是圖 G 的一個弱連通控制集。

圖的弱連通控制集的概念最初由 Dunbar 等[25,26] 提出。容易看出，它是對連通控制集的連通性要求的弱化。

2.7.3 r-步控制集

定義 2-11 令圖 $G = (V, E)$ 是一個連通圖，S 是 V 的子集，r 是給定的正整數。如果對於 $V \setminus S$ 中任意一點 y，都能找到 S 中的一點 x 使得 x 與 y 之間的距離不超過 r，則稱 S 是 G 的距離為 r 的控制集，簡稱 r-步控制集。最小的 r-步控制集中的頂點個數稱為圖的 r-步控制數。更進一步，如果 S 導出一個連通圖，則稱 S 為 G 的連通 r-步控制集。同理，可以定義圖的連通 r-步控制數。

很明顯，r-步控制集是對一般控制集的一個自然推廣。r-步控制集有很多應用[11,12,27]。早在 1976 年，Slater[28] 就給出了如下的例子。在通信網路中，將城市抽象為圖上的頂點，如果兩個城市之間有通信管道，則對應的兩個頂點之間就有邊相連。現在考慮在某些城市中安置發射站，使得對於任意一個城市，要麼它有發射站，要麼它可以透過一些城市之間的通信管道從某個發射站獲取資訊。由於成本的考慮，發射站的數目要盡可能小，同時，為了保證資訊傳遞的速度和品質，每個資訊傳遞所經過的中間管道不得超過 r 條，如此，這個問題就成為確定圖的最小 r-步控制集問題了。

參考文獻

[1] Bondy J A, Murty U S R. Graph Theory   with Applications[M]. London: Macmil-

lan, 1976.

[2] Bondy J A, Murty U S R. Graph Theory [M]. Berlin: Springer, 2008.

[3] West D B. 圖論導引[M]. 駱吉洲，李建中譯. 北京: 電子工業出版社，2014.

[4] Berge C. La Theorie des Graphes[M]. Paris: Dunod, 1958.

[5] Konig D. Einführung in Die Theorie der Endlichen und Unendlichen Graphen[M]. Rhode island: AMS, 1950.

[6] Ore O. Theory of Graphs[M]. Rhode Island: AMS, 1962.

[7] Cockayne E J. Domination of Undirected Graphs-a Survey [M]//Alavi Y, Lick D R. Theory and Applications of Graphs in America's Bicentennial Year. Berlin: Springer, 1978: 141-147.

[8] Cockayne E J, Hedetniemi S T. Toward a Theory of Domination in Graphs[J]. Networks, 1977, 7 (3): 247-261.

[9] Larskar R, Walikar H B. On Domination Related Concepts in Graph Theory[M]. Lecture Notes in Math. Berlin: Springer, 1981: 308-320.

[10] Burger A P, Mynhardt C M. Properties of Dominating Sets of the Queens Graph Q_{4k+3}[J]. Utilitas Mathematica, 2000, 57: 237-253.

[11] Haynes T W, Hedetniemi S T, Slater P J. Fundamentals of Domination in Graphs, Volume 208 of Monographs and Textbooks in Pure and Applied Mathematics[M]. New York: Marcel Dekker, 1998.

[12] Haynes T W, Hedetniemi S T, Slater P J. Domination in Graphs: Advanced Topics, Volume 209 of Monographs and Textbooks in Pure and Applied Mathematics [M]. New York: Marcel Dekker, 1998.

[13] Gupta P, Kumar P R . The Capacity of Wireless Networks[J]. IEEE Transactions on Information Theory, 2000, 46 (2): 388-404.

[14] Haas Z J, Pearlman M R. The Performance of Query Control Schemes for the Zone Routing Protocol [J] . IEEE/ACM Transactions on Networking, 2001, 9 (4): 427-438.

[15] Banerjee S, Khuller S. A Clustering Scheme for Hierarchical Routing in Wireless Networks, CS-TR-4103 [R] . State of Maryland: University of Maryland, College Park, 2000.

[16] Rajaraman R. Topology Control and Routing in Ad Hoc Networks: a Survey[J]. ACM STGACT News, 2002, 33 (2): 60-73.

[17] Gerla M, Tsai J T. Multicluster, Mobile, Multimedia Radio Network [J] . Wireless Networks, 1995, 1 (3): 255-265.

[18] Hauspie M, Panier A, Simplot-Ry1 D. Localized Probabilistic and Dominating Set Based Algorithm for Efficient Information Dissemination in Ad Hoc Networks[C]// MASS'2004: Proceedings of the First IEEE International Conference on Mobile Ad Hoc and Sensor Systems, 2004.

[19] Das B, Bharghavan V. Routing in Ad-Hoc Networks Using Minimum Connected Dominating Sets[C]//ICC'1997: Proceedings of the IEEE International Conference on Communications, 1997.

[20] Wu Jie, Li Hailan. On Calculating Connected Dominating Set for Efficient Routing in Ad Hoc Wireless Networks[C]//Proceedings of the 3rd ACM International Workshop on Discrete Algorithms and Methods for Mobile Computing and Communications, Seattle: 1999.

[21] Wu Jie. Extended Dominating-Set-Based Routing in Ad Hoc Wireless Networks with Unidirectional Links[J]. IEEE Transactions on Parallel and Distributed Sys-

tems, 2002, 13（9）: 866-881.

[22] Wu Jie, Dai Fei. A Generic Distributed Broadcast Scheme in Ad Hoc Wireless Networks[J]. IEEE Transactions on Computers, 2004, 53（10）: 1343-1354.

[23] Chen Yuanzhupeter, Liestman A L. Approximating Minimum Size Weakly Connected Dominating Sets for Clustering Mobile Ad Hoc Networks[C]//Proceedings of 3rd ACM International Symposium on Mobile Ad-Hoc Networking and Computing, 2002.

[24] Chen Yuanzhupeter, Liestman A L.Maintaining Weakly Connected Dominating Sets for Clustering Ad Hoc Networks[J]. Ad Hoc Networks, 2002, 3 （5）:

629-642.

[25] Dunbar J E, Grossman J W, Hattingh J H, Hedetniemi S T, McRae A A. On Weakly Connected Domination in Graphs [J] . Discrete Math. , 1997, 167/168: 261-269.

[26] Grossman J W. Dominating Sets Whose Closed Stars form Spanning Tree [J]. Discrete Math. , 1997, 169（1-3）: 83-94.

[27] Sridharan N, Subramanian V and Elias M. Bounds on the Distance two-Domination Number of a Graph[J]. Graphs Combin. , 2002, 18（3）: 667-675.

[28] Slater P J. R-Domination in Graphs [J]. J. Assoc. Comput. Math. , 1976, 23（3）: 446-450.

第3章

距離相關的度量

距離是基於整體網路結構的一個重要特徵。本章主要介紹一些距離相關的度量。

3.1 圖的距離和與平均距離

圖的距離和是圖中所有點對間的距離之和，定義為

$$W(G) = \sum_{u,v \in V(G)} d(u,v) \tag{3-1}$$

式中　$d(u,v)$——u，v 之間的距離。

這個概念是由著名化學家 Wiener[1] 在 1947 年首次提出並研究。它是有機化學中定量研究有機化合物構造性關係的一個十分成功的工具。此外，它還應用於晶體學、通信理論、設施定位、密碼學等。最終，這個圖不變量現在被稱為 Wiener 指數。

在進一步研究距離和的過程中，人們又提出了一個與之密切相關的量——平均距離，它表示圖中所有點對間距離的平均值。圖的平均距離是度量整個網路絡通信效率的重要參數，在網路的性能分析中起著重要的作用。圖 $G = (V, E)$ 的平均距離定義為

$$\mu(G) = W(G) \bigg/ \begin{bmatrix} n \\ 2 \end{bmatrix}$$

平均距離這一概念在圖論中用來衡量圖的緊湊性。關於這一參數的研究始於 1971 年，當時，March 和 Steadman[2] 用平均距離作為一個工具評價樓層的設計。在以後的研究中，平均距離也被用於分子結構、電腦內部相互聯繫以及電信網路的研究。

在分析傳輸網路的性能與效率時，有兩個因素總是受到特別的關注，即最大傳輸時延與平均傳輸時延。在圖論中，它們被近似地抽象為兩個參數：直徑和平均距離。

大多數電腦網路都採用點對點網。在點對點網中，一條通信線路只能連接兩臺電腦，直接的資訊交換只能發生在直接的兩臺電腦之間。通常，資訊的傳輸方式是從源出發經過若干中間設備的儲存和轉發最終到達目的點。如果網路中某兩對點之間的距離很短，但另兩對點之間的距離可能很長，那麼在這條較長的路徑上沒有中間節點對其資訊進行儲存和轉發，並且在一個網路模型里，從一點到另一點傳遞資訊的時間和訊號的衰減程度往往與資訊必須經過的線路長度是成比例的，從而影響了整個網路的通信效率，因此網路的直徑小能確保網路的有效率通信。另一方面，網路直徑雖很大，但網路中傳輸路徑很短的點對很多，傳輸路

徑很長的點對卻很少,甚至只有一對,顯然就不能準確反映整個網路的通信效率。於是直徑反映了最壞可能的情形,而平均距離則反映了它的平均情況。所以網路中各點對之間距離的平均值就能比直徑更準確地度量網路的通信效率。關於圖的平均距離的研究,已有很多重要的結果[3~11]。

圖 G 中一個節點 v 的離徑是對 G 中所有的節點 u 取 $\max\{d(u, v)\}$,記為 $ec_G(v)$,半徑 $r(G)$ 是所有節點中的最小離徑,顯然最大的離徑為直徑,並有

$$r(G) \leqslant \mu(G) \leqslant \mathrm{diam}(G)$$

圖 3-1 中圖的距離矩陣(定義見 2.3 節)為

$$\boldsymbol{Dis}(G) = \begin{bmatrix} 0 & 2 & 2 & 1 & 1 & 1 & 2 & 2 & 3 & 3 \\ 2 & 0 & 2 & 3 & 2 & 1 & 1 & 4 & 1 & 2 \\ 2 & 2 & 0 & 1 & 1 & 3 & 1 & 2 & 3 & 2 \\ 1 & 3 & 1 & 0 & 2 & 2 & 2 & 1 & 4 & 3 \\ 1 & 2 & 1 & 2 & 0 & 2 & 1 & 3 & 3 & 2 \\ 1 & 1 & 3 & 2 & 2 & 0 & 2 & 3 & 2 & 3 \\ 2 & 1 & 1 & 2 & 1 & 2 & 0 & 3 & 2 & 1 \\ 2 & 4 & 2 & 1 & 3 & 3 & 3 & 0 & 5 & 4 \\ 3 & 1 & 3 & 4 & 3 & 2 & 2 & 5 & 0 & 3 \\ 3 & 2 & 2 & 3 & 2 & 3 & 1 & 4 & 3 & 0 \end{bmatrix}$$

可以計算得

$$W(G) = 99, \ \mu(G) = 2.2, \ r(G) = 3, \ \mathrm{diam}(G) = 5$$

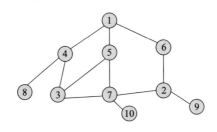

圖 3-1　圖 G

下面列舉一些關於圖的距離和及平均距離這兩個參數的研究結果,這些圖類都是經常見到的。

定理 3-1[3]　若 G 是一個 m 條邊的 n 階連通圖,則有

$$n(n-1)-m \leqslant W(G) \leqslant \frac{n^3+5n-6}{6}-m$$

Plesnik[4] 給出了距離和只依賴於階數和直徑的下界。

定理 3-2[4]　設 G 是一個直徑為 d 的 n 階圖，則

$$W(G) \geqslant \begin{cases} \dfrac{1}{3}d(d+1)(d+2)+\dfrac{1}{2}(n-d-1)(2n+d^2+1), d \text{ 為奇數} \\ \dfrac{1}{3}d(d+1)(d+2)+\dfrac{1}{2}(n-d-1)(2n+d^2), d \text{ 為偶數} \end{cases}$$

在文獻〔4〕中還給出了 n 階 2-連通圖及 n 階 2-邊連通圖的距離和的上界。

定理 3-3　設 G 是一個 n 階 2-或 2-邊連通圖，則

$$W(G) \leqslant n\left\lfloor \frac{1}{4}n^2 \right\rfloor$$

等號成立當且僅當 G 是一個圈。

另外，Cerf[5] 等人已經對 n 階 k 正則圖建立了 $W(G)$ 的一個下界。

定理 3-4[5]　設 G 是一個 n 階 k 正則的連通圖，則

$$n\left(\sum_{i=1}^{j} ik(k-1)^{i-1}+jR\right) \leqslant W(G) \tag{3-2}$$

式(3-2)中 $R=n-1-\displaystyle\sum_{i=1}^{j} n(n-1)^{i-1}$，$j$ 表示 R 嚴格大於 0 的最大整數。

對於一些特殊圖類的平均距離，已有下列結果。

定理 3-5　對完全圖 K_n 和完全二部圖 $K_{m,n}$，顯然有

$$\mu(K_n)=1$$

$$\mu(K_{m,n})=\frac{2(m^2+n^2+mn-m-n)}{(m+n)(m+n-1)}$$

定理 3-6[6]　設 P_n 為具有 n 個點的路，則

$$\mu(P_n)=\frac{1}{3}(n+1) \qquad (n \geqslant 2)$$

定理 3-7[6]　設 C_n 為 n 階圈，則

$$\mu(C_n)=\begin{cases} \dfrac{n+1}{4}, n \text{ 為奇數} \\ \dfrac{n^2}{4(n-1)}, n \text{ 為偶數} \end{cases}$$

定理 3-8[3]　設 T 為 n 階樹，則

$$2-\frac{2}{n} \leqslant \mu(T) \leqslant \frac{n+1}{3}$$

等號成立當且僅當 T 分別為 S_n 和 $P_n(n \geqslant 2)$。

在文獻［6］中，Doyle 和 Graver 給出了 n 階連通圖平均距離的上下界。

定理 3-9[6]　若 G 是一個 n 階連通圖，則

$$1 \leqslant \mu(G) \leqslant \frac{n+1}{3}$$

右邊等號成立當且僅當 G 為路，左邊等號成立當且僅當 G 為完全圖。對奇直徑的樹，他們也給出了平均距離關於直徑的一個上界。

定理 3-10[6]　若 G 為奇直徑的樹［$\mathrm{diam}(G) \geqslant 3$］，則有

$$\mu(G) < \mathrm{diam}(G) - \frac{1}{2}$$

定理 3-11[7]　設 G 為具有 n 個頂點、m 條邊，直徑為 d 的圖，則其平均距離滿足

$$\mu(G) \geqslant \begin{cases} \dfrac{2n(n-1) - 2m + \frac{1}{3}d(d-1)(d-2) + \frac{1}{2}(n-d-1)(d-2)(d-4)}{n(n-1)} &, n \text{ 為偶數} \\[4mm] \dfrac{2n(n-1) - 2m + \frac{1}{3}d(d-1)(d-2) + \frac{1}{2}(n-d-1)(d-3)^2}{n(n-1)} &, n \text{ 為奇數} \end{cases}$$

定理 3-12[12]　設 G 為任一 n 階連通圖，δ 為其最小度，則

$$\mu(G) \leqslant \frac{n}{\delta+1} + 2$$

下面給出平均距離與獨立數、匹配數和控制數這三個參數的一些關係。

定理 3-13[13]　設 G 為任一連通圖，$\alpha(G)$ 為 G 的獨立數，則

$$\mu(G) \leqslant \alpha(G)$$

當 G 為完全圖時等號成立。

在文獻［14，15］中，在所有匹配數為 $\beta \geqslant 2$ 和控制數為 γ 的 $n \geqslant 5$ 階連通圖中確定了具有最大平均距離的極值圖。

特別地，Winkler[8] 提出了如下猜想。

猜想 3-1　對任一給定連通圖 G，存在一點 v，使 $\dfrac{\mu(G-v)}{\mu(G)} \leqslant \dfrac{4}{3}$。

猜想 3-2　對任一給定連通圖 G，存在一邊 e，使 $\dfrac{\mu(G-e)}{\mu(G)} \leqslant \dfrac{4}{3}$。

Bienstock 和 Gyori[9] 已經證明瞭，對足夠大的 n，圖 G 中存在一點 v，使得 $\mu(G-v) \leqslant \left(\dfrac{4}{3} + o(1)\right)\mu(G)$。

關於圖的構造方面，Plesnik[4] 構造了具有一定半徑和直徑且其平均距離任意接近一個介於 1 和直徑間數的圖。

定理 3-14 設 r 和 d 是兩個整數，滿足 $\frac{1}{2}d \leqslant r \leqslant d$，$t$ 是一個實數，滿足 $1 \leqslant t \leqslant d$。給定一個實數 $\varepsilon > 0$，則存在一個滿足 $r(G) = r$，$\mathrm{diam}(G) = d$ 的圖 G，使得

$$|\mu(G) - t| < \varepsilon$$

此定理激發人們提出這樣的問題：給定一個有理數 $t \geqslant 1$，是否存在一個圖 G，使得 $\mu(G) = t$。對此問題 Hendry[10] 給出了一個肯定回答。

定理 3-15[10] 對每一個 $t \geqslant 1$ 的有理數，存在無窮多個圖，其 $\mu(G) = t$。

定理 3-16[11] 對任意的 n 階 k-($k \geqslant 2$) 連通圖 G：

$$\mu(G) \leqslant \frac{\left(\left\lfloor \dfrac{n-2}{k} \right\rfloor + 1\right)\left(n - 1 - \left\lfloor \dfrac{n-2}{k} \right\rfloor\right)}{n - 1}$$

另一類相關問題：確定一個圖的平均距離的算法及其計算複雜度。關於有向圖中的有關結果可參見文獻 [16，17]。

3.2 距離計數度量

基於距離的計數度量的歷史始於 1947 年，其中 Wiener[1] 使用以下公式計算烷烴的沸點 t_B：

$$t_\mathrm{B} = aW(G) + bW_\mathrm{P}(G) + c \tag{3-3}$$

式中 a，b，c——常數；

$\quad W(G)$——Wiener 指數；

$\quad W_\mathrm{P}(G)$——G 中距離為 3 的無序頂點對的個數，現在被稱為 Wiener 極性指數。

Wiener 指數被提出後，大量其他基於距離的拓撲指數也被提出和研究。

3.2.1 幾類基於距離的拓撲指數

（1）Wiener 極性指數

Wiener 極性指數被定義為

$$W_\mathrm{P}(G) = |\{(u,v) \mid d(u,v) = 3, u, v \in V(G)\}|$$

關於 Wiener 極性指數已有很多研究結果，參見岳軍、史永堂和王華的綜

述[18] 以及相關文章[19~23]。

（2）超-Wiener 指數

1993 年，Randić[24] 引入了一個基於距離的量，稱作超-Wiener 指數並用 WW 表示，該定義只適用於樹。1995 年，Klein、Lukovits 和 Gutman[25] 對該定義進行了修正，使其適用於所有連通圖：

$$\mathrm{WW}(G) = \frac{1}{2} \sum_{\{u,v\} \subseteq V(G)} \left[d_G(u,v) + d_G(u,v)^2 \right] \qquad (3\text{-}4)$$

從此，式(3-4) 被用來作為超-Wiener 指數的定義。

（3）Harary 指數

1993 年，Plavšić 等[26] 和 Ivanciuc 等[27] 獨立地引進了 Harary 指數。其實，Harary 指數首先由 Mihalić 和 Trinajstić[28] 在 1992 年定義為

$$H_{\mathrm{old}}(G) = \sum_{\{u,v\} \subseteq V(G)} \frac{1}{d_G(u,v)^2}$$

盡管如此，Harary 指數現在被定義為[26,27]

$$H(G) = \sum_{\{u,v\} \subseteq V(G)} \frac{1}{d_G(u,v)}$$

（4）互惠互補 Wiener 指數

2000 年，Ivanciuc[29,30] 等引入了這個拓撲指數，定義為

$$\mathrm{RCW}(G) = \sum_{\{u,v\} \subseteq V(G)} \frac{1}{\mathrm{diam}(G) + 1 - d_G(u,v)}$$

（5）終端 Wiener 指數

終端 Wiener 指數的概念由 Petrović[31] 等提出。稍後，Székely、王和吳[32] 獨立地提出了同樣的概念。令 $V_1(G) \subset V(G)$ 是圖 G 中度為 1 的頂點集合（所謂的懸掛點或葉子點），然後在完全類比 Wiener 指數的情況下，終端 Wiener 指數 TW 被定義為

$$\mathrm{TW}(G) = \sum_{\{u,v\} \subseteq V_1(G)} d_G(u,v) \qquad (3\text{-}5)$$

因此，終端 Wiener 指數由懸掛頂點之間的距離的總和組成。如果圖 G 沒有懸掛頂點，或者只有一個這樣的頂點，則 TW$(G)=0$。這種分子結構描述符的應用主要針對有許多懸掛頂點的圖，特別是樹。

（6）Balaban 指數與 Sum-Balaban 指數

令 $G = (V, E)$ 是一個具有 m 條邊的 n 階連通的簡單圖，記 $D(u) = \sum_{v \in V} d(u, v)$，圖 G 的 Balaban 指數被定義為

$$J(G) = \frac{m}{m-n+2} \sum_{uv \in E} \frac{1}{\sqrt{D(u)D(v)}}$$

這個指數由 Balaban[33,34] 在 1982 年提出。更進一步，Balaban[35] 等提出了 Sum-Balaban 指數的概念，也就是

$$SJ(G) = \frac{m}{m-n+2} \sum_{uv \in E} \frac{1}{\sqrt{D(u)+D(v)}}$$

學者們也得到了 Balaban 指數和 Sum-Balaban 指數的很多數學性質，見文獻 [36～41]。作為一個拓撲指數，Sum-Balaban 指數廣泛用於 QSAR/QSPR 模型。然而，Sum-Balaban 指數的許多數學性質仍有待深入研究。例如，在 n 個頂點的圖中，完全圖 K_n 是具有最大 Sum-Balaban 指數的圖：

$$SJ(K_n) = \frac{\begin{bmatrix} n \\ 2 \end{bmatrix}}{\begin{bmatrix} n \\ 2 \end{bmatrix} - n + 2} \begin{bmatrix} n \\ 2 \end{bmatrix} \frac{1}{\sqrt{2(n-1)}}$$

然而，什麼圖達到最小值還是未知的。

(7) Szeged 指數和修正的 Szeged 指數

令 $e = uv \in E$，定義三個集合：

$$N_u(e) = \{w \in V(G) : d_G(u,w) < d_G(v,w)\}$$
$$N_v(e) = \{w \in V(G) : d_G(v,w) < d_G(u,w)\}$$
$$N_0(e) = \{w \in V(G) : d_G(u,w) = d_G(v,w)\}$$

很明顯，$N_u(e)$、$N_v(e)$、$N_0(e)$ 構成 $V(G)$ 的一個劃分，令 $|N_u(e)| = n_u(e)$，$|N_v(e)| = n_v(e)$，$|N_0(e)| = n_0(e)$。

Gutman[42] 提出了一個名為 Szeged 指數的圖不變量，定義為

$$S_z = \sum_{e=uv \in E} n_u(e)n_v(e)$$

上述指數基於對基礎圖的頂點計數。考慮邊不變性，也稱為「Edge-Szeged Index」，見文獻 [43，44]。Randic[45] 提出了修正 Szeged 指數如下：

$$S_z^* = \sum_{e=uv \in E} \left(n_u(e) + \frac{n_0(e)}{2}\right)\left(n_v(e) + \frac{n_0(e)}{2}\right)$$

在文獻 [46] 中，Aouchiche 和 Hansen 證明瞭具有 n 個頂點和 m 條邊的連通圖的上界為 $\frac{n^2 m}{4}$。然後 Xing 和 Zhou[47] 確定了具有 $n \geqslant 5$ 個頂點單圈圖的最大和最小修正 Szeged 指數和具有唯一長度為 $r(3 \leqslant r \leqslant n)$ 的圈的單圈圖。這兩個指標的一些性質和應用已經在文獻 [36，37，48] 中給出。

對圖 3-1 中的圖 G 計算上面幾個拓撲指數可得：

$W_P(G) = 12$，$WW(G) = 180$，$H(G) = 24.95$，$RCW(G) = 12.75$，$TW(G) = 12$，$J(G) = 2.01$，$SJ(G) = 6$，$S_z = 167$，$S_z^* = 254.5$。

3.2.2 幾類距離度量的一些性質

令 $PK_{n,m}$ 是路-完全圖，由一條路和一個完全圖的不交並透過在這條路的一個端點和完全圖之間加一些邊得到（不是所有的邊）。

定理 3-17[49~51]　　設 G 為任一具有 n 個頂點、m 條邊的連通圖，則如下結果成立。

① 路-完全圖 $PK_{n,m}$ 是唯一具有極大 Wiener 指數或直徑的圖，任意直徑至多為 2 的圖都具有極小的 Wiener 指數。

② 如果 $G \neq K_n$，那麼

$$RCW(G) \leqslant \frac{n(n-1)}{2} - \frac{m}{2}$$

等式成立當且僅當 G 的直徑為 2。

定理 3-18[52]　　令 $a \geqslant 2$ 為一正整數，G 是任一具有 m 條邊的連通圖，其中 $\begin{bmatrix} a \\ 2 \end{bmatrix} \leqslant m \leqslant \begin{bmatrix} a+1 \\ 2 \end{bmatrix}$，則

$$a(a+1) - m \leqslant W(G)$$

等式成立當且僅當 G 與 G_0 同構（$\cong$，關於同構的定義見 8.2），其中 G_0 透過刪除關聯與完全圖 K_{a+1} 的一個固定頂點的 $\begin{bmatrix} a+1 \\ 2 \end{bmatrix} - m$ 條邊得到。

定理 3-19[53,54]　　設 G 為任一具有 n 個頂點、m 條邊、直徑為 d 的連通圖，則

① $\frac{1}{6}(d-2)(d-1)d + n(n-1) - m \leqslant W(G) \leqslant \frac{1}{2}n(n-1)d - \frac{1}{3}(d-2)(d-1)d - (d-1)m$；

② $H(P_{d+1}) + \frac{n(n-1)+2(m-d)(d-1)}{2d} - \frac{d+1}{2} \leqslant H(G) \leqslant H(P_{d+1}) + \frac{n(n-1)+2m}{4} - \frac{d(d+3)}{4}$。

令 $1 \leqslant k \leqslant n$，在完全圖 K_{n-k} 的一個頂點上增加 k 條懸掛邊所得到的圖記為 K_n^k。

定理 3-20[55~59]　　在所有具有 n 個頂點和 k 條割邊的連通圖中，K_n^k 是唯一具有極小 Wiener 指數、超-Wiener 指數和極大 Harary 指數的圖。

等同 K_k 中一個頂點和 P_{n-k+1} 的一個懸掛點所得到的圖稱為風箏圖，記為 $K_{n,k}$。一個滿足任何兩部的頂點數相差至多 1 的 n 階完全 k 部圖稱為 Turán 圖，記為 $T_n(k)$。

定理 3-21[60,61]　　在所有具有 n 個頂點、團數為 k 的連通圖中：

① Turán 圖 $T_n(k)$ 是唯一具有極小 Wiener 指數、超-Wiener 指數和極大 Harary 指數的圖；

② 風箏圖 $K_{n,k}$ 是唯一具有極小 Harary 指數和極大 Wiener 指數、超-Wiener 指數的圖。

在路 $P_{n-\Delta+1}$ 的一個懸掛點上增加 $\Delta-1$ 個懸掛點所得到的樹稱為掃帚圖，記為 $B_{n,\Delta}$。

定理 3-22[14]　　對任一具有最大度 Δ 的 n 階連通圖 G，有

$$W(G) \leqslant W(B_{n,\Delta})$$

其中等式成立當且僅當 $G \cong B_{n,\Delta}$。

定理 3-23[62]　　設 G 是任一匹配數為 β 的 $n \geqslant 5$ 階連通圖，其中 $2 \leqslant \beta \leqslant \lfloor n/2 \rfloor$。

① 如果 $\beta = \lfloor n/2 \rfloor$，那麼 $WW(G) \geqslant WW(K_n)$ 和 $H(G) \leqslant H(K_n)$。等式成立當且僅當 $G \cong K_n$。

② 如果 $2n/5 < \beta \leqslant \lfloor n/2 \rfloor - 1$，那麼 $WW(G) \geqslant WW\big(K_1 \vee (K_{2\beta-1} \cup \overline{K_{n-2\beta}})\big)$ 並且 $H(G) \leqslant H\big(K_1 \vee (K_{2\beta-1} \cup \overline{K_{n-2\beta}})\big)$，等式成立當且僅當 $G \cong K_1 \vee (K_{2\beta-1} \cup \overline{K_{n-2\beta}})$。

③ 如果 $2 \leqslant \beta < 2n/5$，那麼 $WW(G) \geqslant WW(K_\beta \vee \overline{K_{n-\beta}})$ 並且 $H(G) \leqslant H(K_\beta \vee \overline{K_{n-\beta}})$，等式成立當且僅當 $G \cong K_\beta \vee \overline{K_{n-\beta}}$。

④ 如果 $\beta = 2n/5$，那麼 $WW(G) \geqslant WW(K_\beta \vee \overline{K_{n-\beta}}) = WW\big(K_1 \vee (K_{2\beta-1} \cup \overline{K_{n-2\beta}})\big)$ 並且 $H(G) \leqslant H(K_\beta \vee \overline{K_{n-\beta}}) = H\big(K_1 \vee (K_{2\beta-1} \cup \overline{K_{n-2\beta}})\big)$，等式成立當且僅當 $G \cong K_\beta \vee \overline{K_{n-\beta}}$ 或 $G \cong K_1 \vee (K_{2\beta-1} \cup \overline{K_{n-2\beta}})$。

定理 3-24[63~65]　　設 G 是任一邊連通度為 k 的 n 階連通圖，其中 $1 \leqslant k \leqslant n-1$，則：

① $W(G) \geqslant W(K_k \vee (K_1 \cup K_{n-k-1}))$，等式成立當且僅當 $G \cong K_k \vee (K_1 \cup K_{n-k-1})$；

② $WW(G) \geqslant WW(K_k \vee (K_1 \cup K_{n-k-1}))$，等式成立當且僅當 $G \cong$

$K_k \vee (K_1 \bigcup K_{n-k-1})$。

由 Wiener 指數、超-Wiener 指數和 Harary 指數的定義，很容易看出：增加任何邊將會減少 Wiener 指數、超-Wiener 指數，但會增加 Harary 指數，也就是下面的性質。

性質 3-1 設 G 是任一連通圖，$e \notin E(G)$，則
$$W(G) > W(G+e)，WW(G) > WW(G+e)，並且 H(G) < H(G+e)。$$
由性質 3-1，可以直接得到：

① $W(G) \geqslant W(K_n)$，等式成立當且僅當 $G \cong K_n$；

② $WW(G) \geqslant WW(K_n)$，等式成立當且僅當 $G \cong K_n$；

③ $H(G) \leqslant H(K_n)$，等式成立當且僅當 $G \cong K_n$；

④ $RCW(G) \leqslant RCW(K_n)$，等式成立當且僅當 $G \cong K_n$。

由 Wiener 極性指數的定義，可以很容易得到以下定理。

定理 3-25[66] 設 G 是任一 n 階連通圖，則 $W_P(G) \geqslant 0$，等式成立當且僅當 G 的直徑小於 3。

3.3 冪律隨機圖的平均距離和直徑

隨機圖理論中的大多數研究論文關注的是 Erdős-Rényi 模型 G_p，其中每條邊都以某個給定的機率 $p > 0$ 獨立被選取。在這樣的隨機圖中，頂點的度都具有相同的期望值。然而，在各種各樣的應用中出現的許多大的類似隨機圖都有不同的度的分布，因此，考慮具有一般度序列的隨機圖類是很自然的。

Chun 等[67] 考慮給定期望度序列 $w = (w_1, w_2, \cdots, w_n)$ 的一般隨機圖模型 $G(w)$，其中對 $i \in \{1, 2, \cdots, n\}$，$w_i$ 表示頂點 v_i 的期望度，並研究了這類冪律隨機圖的平均距離和直徑。注意經典隨機圖 $G(n, p)$ 可以被看作是 $G(w)$ 的特殊情況，透過取 w 為 $(pn, pn, \cdots, pn)$。雖然對任意度分布 $G(w)$ 都有很好的定義，但研究冪律圖是特別有趣的。許多現實的網路，如網路、社會和引用網路，度都遵循冪律。也就是說，度為 k 的頂點所占的比例與某個常數 $\beta > 1$ 的 $1/k^\beta$ 成正比。令 $\tilde{d} = \sum w_i^2 / \sum w_i$ 表示二階平均度。對於 $k \geqslant 2$ 和任意點集 S，記 $\mathrm{Vol}_k(S) = \sum_{v_i \in S} w_i^k$。令 S_t 表示期望度至少為 t 的點的集合。

定義 3-1 對於一個 n 階圖 $G \in G(w)$，這個期望度序列 w 是 admissible，如果下列條件成立。

ⅰ. $0 < \ln\tilde{d} \ll \ln n$。

ⅱ. 對於某個常數 $c > 0$，除了 $o(n)$ 個點，其他所有點的期望度 w_i 滿足 $w_i \geqslant c$。平均期望度 $\overline{d} = \sum_i w_i / n$ 嚴格大於 1。

ⅲ. 有一個子集 U 滿足：

$$\text{Vol}_2(U) = (1 + o(1))\,\text{Vol}_2(G) \gg \frac{\text{Vol}_3(U)\ln\tilde{d}\,\ln\ln n}{\tilde{d}\,\ln n}$$

這個期望度序列 w 是特殊 admissible，如果上述條件 ⅰ 和 ⅲ 由下面的 ⅰ′ 和 ⅲ′ 替換：

ⅰ′. $\ln\tilde{d} = O(\ln\overline{d})$。

ⅲ′. 有一個子集 U 滿足：

$$\text{Vol}_3(U) = O(\text{Vol}_2(G))\,\frac{\tilde{d}}{\ln\tilde{d}}, \quad 並且\ \text{Vol}_2(U) > \overline{d}\,\text{Vol}_2(G)/\tilde{d}。$$

定理 3-26 對於一個具有 admissible 期望度序列 $(w_1, \cdots, w_n)$ 的隨機圖 G，幾乎必然有 $\mu(G) = (1 + o(1))\dfrac{\ln n}{\ln\tilde{d}}$。

定理 3-27 對於一個具有特殊 admissible 期望度序列 $(w_1, \cdots, w_n)$ 的隨機圖 G，幾乎必然有 $\text{diam}(G) = \Theta(\ln n / \ln\tilde{d})$。

定理 3-28 對於冪指數為 $\beta > 3$，平均度 $\overline{d} > 1$ 的冪律隨機圖 G，幾乎必然有

$$\mu(G) = (1 + o(1))\,\frac{\ln n}{\ln\tilde{d}}, \quad \text{diam}(G) = \Theta(\ln n)。$$

證明 讓 U_y 表示期望度不超過 $\overline{d}\dfrac{\beta-2}{\beta-1}y$ 的所有點的集合，則有

$$\text{Vol}_2(U_y) = \sum_{i = \lceil ny^{-1/(\beta-1)}\rceil}^{n} w_i^2 = \overline{d}^2\frac{\beta-2}{(\beta-1)(\beta-3)}n\left(1 - y^{-(\beta-3)} + O\left(\frac{y^2}{n}\right)\right)$$

$$\text{Vol}_3(U_y) = \sum_{i = \lceil ny^{-1/(\beta-1)}\rceil}^{n} w_i^3$$

$$= \begin{cases} \overline{d}^3\dfrac{(\beta-2)^3}{(\beta-1)^2(\beta-4)}n\left(1 - y^{-(\beta-4)} + O\left(\dfrac{y^3}{n}\right)\right), & \beta > 4 \\[3mm] \dfrac{8}{27}\overline{d}^3 n\left(\ln y + O\left(\dfrac{y^3}{n}\right)\right), & \beta = 4 \\[3mm] \overline{d}^3\dfrac{(\beta-2)^3}{(\beta-1)^2(4-\beta)}n\left(y^{4-\beta} + O\left(\dfrac{y^3}{n}\right)\right), & 3 < \beta < 4 \end{cases}$$

由定理 3-26 和定理 3-27 可知，只需證明 G 的期望度序列是 admissible 和特殊 admissible。根據定義 3-1 其他條件是很容易證明的，故只需對 ⅲ 或 ⅲ' 選取合適的 y。

為了證明 ⅲ，令 $y=\begin{cases} n^{1/4} & \beta>4 \\ e^{\sqrt{\frac{\ln n}{\ln \overline{d}\ln\ln n}}} & \beta=4 \\ \dfrac{\ln n}{\ln \overline{d}\ln\ln n} & 3<\beta<4 \end{cases}$

為了證明 ⅲ'，令 $y=\begin{cases} n^{1/4} & \beta>4 \\ 4 & \beta=4 \\ (\beta-2)^{\frac{2}{\beta-3}} & 3<\beta<4 \end{cases}$

證畢。

定理 3-29 對於冪指數為 β，平均度 $\overline{d}>1$ 和最大度 Δ 滿足 $\ln\Delta \gg \ln n/\ln\ln n$ 的冪律隨機圖 G，如果 $2<\beta<3$，那麼幾乎必然有

$$\mu(G)\leqslant (2+o(1))\frac{\ln\ln n}{\ln(1/(\beta-2))}, \quad \mathrm{diam}(G)=\Theta(\ln n)$$

證明 令 $t=n^{1/\ln\ln n}$，有以下已知結果：

① S_t 的直徑幾乎必然是 $O(\ln\ln n)$；

② 幾乎所有度至少是 $\ln n$ 的點到 S_t 的距離幾乎必然不超過 $O(\ln\ln n)$；

③ 對於 G 最大連通分支中的每個點 v，v 以 $1-o(1)$ 的機率到一個度至少是 $\ln^C n$ 的點的距離不超過 $O(\ln\ln n)$；

④ 對於 G 最大連通分支中的每個點 v，v 以 $1-o(n^{-2})$ 的機率到一個度至少是 $O(\ln n)$ 的點的距離不超過 $O(\ln n)$，因此 G 的最大連通分支以 $1-o(n^{-2})$ 的機率有直徑為 $O(\ln n)$。

結合①~④，有 $\mu(G)\leqslant O(\ln\ln n)$。類似於文獻［67］中的方法，但需要一個更加仔細的分析，這個上界可以被進一步改進為 $\dfrac{2}{\ln(1/(\beta-2))}\ln\ln n$。由④，有 $\mathrm{diam}(G)\leqslant O(\ln n)$。現在，對 G 的直徑將建立量級為 $\ln n$ 的一個下界。考慮期望度小於平均度 $\overline{d}$ 的所有點，透過直接的計算，有大約 $\left(\dfrac{\beta-2}{\beta-1}\right)^{\beta-1}n$ 個這樣的點。對於點 u 和點集 T，點 u 有唯一一個期望度小於 $\overline{d}$，並且不相鄰於 T 中任何點的鄰點的機率至少是

$$\sum_{w_v < \bar{d}} w_u w_v \rho \prod_{j \neq v} (1 - w_u w_j \rho)$$

$$\approx w_u \text{Vol}(S_{\bar{d}}) \rho e^{-w_u}$$

$$\approx \left(1 - \left(\frac{\beta - 2}{\beta - 1}\right)^{\beta - 2}\right) w_u e^{-w_u}$$

注意到這個機率不為 0。於是以至少 $n^{-1/100}$ 的機率，在 G 中有一條長至少 $\dfrac{\ln n}{100 \ln c}$ 的導出路。以任一點 u 開始，在 G 中尋找一條長至少 $\dfrac{\ln n}{100 \ln c}$ 的導出路，如果失敗，則透過選取另一個起點重複這個過程。因為 $S_{\bar{d}}$ 有至少 $\left(\dfrac{\beta - 2}{\beta - 1}\right)^{\beta - 1} n$ 個點，因此有很高的機率可以找到如此一條路，所以，幾乎必然有 $\text{diam}(G) = \Theta(\ln n)$。證畢。

參考文獻

[1] Wiener H. Structural Determination of Paraffin Boiling Points [J]. Journal of the American Chemical Society, 1947, 69 (1): 17-20.

[2] March L, Steandman P. The Geometry of the Environment: An Introduction to Spatial Organisation in Design[M]. London: RIBA, 1971.

[3] Entringer R C, Jackson D E, Snyder D A. Distance in Graphs [J]. Czechoslovak Mathematical Journal, 1976, 26 (2): 283-296.

[4] Plesnik J. On the Sum of All Distances in a Graph or Digraph [J]. Journal Graph Theory, 1984, 8 (1): 1-21.

[5] Cerf V G, Cowan D D, Mullin R C, Stanton R G. A Lower Bound on the Average Shortest Path Length in Regular Graphs[J]. Networks, 1974, 4 (4): 335-342.

[6] Doyle J K, Graver J E. Mean Distance in a Graph [J]. Discrete Mathematics, 1977, 17 (2): 147-154.

[7] Zhou Tao, Xu Junming, Liu Jun. On Diameters and Average Distance of Graphs [J]. Or Transactions, 2004, 8 (4): 4.

[8] Winkler P. Mean Distance and Four-Thirds Conjecture[J]. Congressus Numerantium, 1986, 54: 53-62.

[9] Bienstock D, Gyori E. Average Distance in Graphs with Removed Elements[J]. Journal Graph Theory, 1988, 12 (3): 175-390.

[10] Hendry G R T. Existence of Graphs with Prescribed Mean Distance [J]. Journal Graph Theory, 1986, 10 (2): 173-175.

[11] 楊愛民. 圖平均距離的一個上界[J]. 山西大學學報, 1997, 20: 4-7.

[12] Kouider M, Winkler P. Mean Distance

and Minimum Degree[J]. Journal Graph Theory, 1997, 25（1）: 95-99.

[13] Chung F R K, The Average Distance and the Independence Number[J]. Journal Graph theory, 1988, 12（2）: 229-235.

[14] Dankelmann P. Average Distance and Independence Number[J]. Discrete Applied Mathematics, 1994, 51（1-2）: 75-83.

[15] Dankelmann P. Average Distance and Domination Number［J］. Discrete Applied Mathematics, 1997, 80（1）: 21-35.

[16] Chvatal V, Thomassen C. Distances in Orientations of Graphs［J］. Journal Combinatorial Theory, Series B, 1978, 24（1）: 61-75.

[17] Doyle J K, Graver J E. Mean Distance in a Directed Graph［J］. Environment Planning B, 1978, 5（1）: 19-29.

[18] Yue Jun, Shi Yongtang, Wang Hua. Bounds of the Wiener Polarity Index [M]//Das K C, Furtula B, Gutman I, Milovanovic E I, Milovanovic I Z. Bounds in Chemical Graph Theory-Basics. Serbia: University of Kragujevac & Faculty of Science Kragujevac, 2017: 283-302.

[19] Yue Jun, Lei Hui, Shi Yongtang. On the Generalized Wiener Polarity Index of Trees with a Given Diameter[J]. Discrete Applied Mathematics, 2018, 243: 279-285.

[20] Lei Hui, Li Tao, Shi Yongtang, Wang Hua. Wiener Polarity Index and Its Generalization in Trees[J]. MATCH Communications in Mathematical and in Computer Chemistry, 2017, 78（1）: 199-212.

[21] Chen Lin, Li Tao, Liu Jinfeng, Shi Yongtang, Wang Hua. On the Wiener Polarity Index of Lattice Networks[J]. PLoS One, 2016, 11（12）: e0167075.

[22] Ma Jing, Shi Yongtang, Wang Z, Yue Jun. On Wiener Polarity Index of Bicyclic Networks［J］. Scientific reports, 2016, 6: 19066.

[23] Ma Jing, Shi Yongtang, Yue Jun. The Wiener Polarity Index of Graph Products［J］. Ars Combinatoria, 2014, 116: 235-244.

[24] Randić M. Novel Molecular Descriptor for Structure-Property Studies［J］. Chemical Physics Letters, 1993, 211（4-5）: 478-483.

[25] Klein D J, Lukovits I, Gutman I. On the Definition of the Hyper-Wiener Index for Cycle-Containing Structures[J]. Journal of Chemical Information and Computer Sciences, 1995, 35（1）: 50-52.

[26] Plavšić D, Nikolić S, Trinajstić N, Mihalić Z. On the Harary Index for the Characterization of Chemical Graphs[J]. Journal of Mathematical Chemistry, 1993, 12（1）: 235-250.

[27] Ivanciuc O, Balaban T S, Balaban A T. Reciprocal Distance Matrix, Related Local Vertex Invariants and Topological Indices[J]. Journal of Mathematical Chemistry, 1993, 12（1）: 309-318.

[28] Mihalić Z, Trinajstić N. A Graph-Theoretical Approach to Structure Property Relationships[J]. Journal of Chemical Education, 1992, 69: 701-712.

[29] Ivanciuc O. QSAR Comparative Study of Wiener Descriptors for Weighted Molecular Graphs[J]. Journal of Chemical Information and Computer Sciences, 2000, 40（6）: 1412-1422.

[30] Ivanciuc O, Ivanciuc T, Balaban A T. The Complementary Distance Matrix, a New Molecular Graph Metric[J]. ACH

Models in Chemistry, 2000, 137 (1): 57-82.

[31] Gutman I, Furtula B, Petrović M. Terminal Wiener Index[J]. Journal of Mathematical Chemistry, 2009, 46 (2): 522-531.

[32] Székely L A, Wang Hua, Wu Taoyang. The Sum of Distances between the Leaves of a Tree and the 'Semi-Regular' Property[J]. Discrete Mathematics, 2011, 311 (13): 1197-1203.

[33] Balaban A T. Highly Discriming Distance-Based Topological Index [J]. Chemical Physics Letters, 1982, 89 (5): 399-404.

[34] Balaban A T. Topological Indices Based on Topological Distance in Molecular Graphs[J]. Pure and Applied Chemistry, 1983, 55 (2): 199-206.

[35] Balaban A T, Khadikar P V, Aziz S. Comparison of Topological Indices Based on Iterated 'Sum' Versus 'Product' Operations[J]. Iranian Journal of Mathematical Chemistry, 2010, 1: 43-67.

[36] Deng Hanyuan. On the Balaban Index of Trees [J]. MATCH Communications in Mathematical and in Computer Chemistry, 2011, 66: 253-260.

[37] Deng Hanyuan. On the Sum-Balaban Index [J]. MATCH Communications in Mathematical and in Computer Chemistry, 2011, 66: 273-284.

[38] Chen Zengqiang, Dehmer M, Shi Yongtang, Yang Hua. Sharp Upper Bounds for the Balaban Index of Bicyclic Graphs[J]. MATCH Communications in Mathematical and in Computer Chemistry, 2016, 75: 105-128.

[39] Li Shuxian, Zhou Bo. On the Balaban Index of Trees [J]. Ars Combinatoria, 2011, 101: 503-512.

[40] Li Xueliang, Li Yiyang, Shi Yongtang, et al. Note on the HOMO-LUMO Index of Graphs [J]. MATCH Communications in Mathematical and in Computer Chemistry, 2013, 70 (1): 85-96.

[41] Zhou Bo, Trinajstic N. Bounds on the Balaban Index [J]. Croatica Chemica Acta, 2008, 81 (2): 319-323.

[42] Gutman I. A Formula for the Wiener Number of Trees and Its Extension to Graphs Containing Cycles[J]. Graph Theory Notes NY, 1994, 27 (1): 9-15.

[43] Dolati A, Motevalian I, Ehyaee A. Szeged Index, Edge Szeged Index, and Semi-Star Trees [J]. Discrete Applied Mathematics, 2010, 158 (8): 876-881.

[44] Li Jianping. A Relation between the Edge Szeged Index and the Ordinary Szeged Index [J]. MATCH Communications in Mathematical and in Computer Chemistry, 2013, 70: 621-625.

[45] Randić M. On Generalization of Wiener Index for Cyclic Structures [J]. Acta Chimica Slovenica, 2002, 49: 483-496.

[46] Aouchiche M, Caporossi G, Hansen P. Refutations, Results and Conjectures about the Balaban Index[J]. International Journal of Chemical Modeling, 2013, 5: 189-202.

[47] Xing Rundan, Zhou Bo, Grovac A. On Sum-Balaban Index[J]. Ars Combinatoria, 2012, 104: 211-223.

[48] Balaban A T. Topological Indices Based on Topological Distance in Molecular Graphs[J]. Pure and Applied Chemistry, 1983, 55 (2): 199-206.

[49] Soltés L. Transmission in Graphs: a Bound and Vertex Removing[J]. Mathematica Slovaca, 1991, 41 (1): 11-16.

[50] Harary F. The Maximum Connectivity of a Graph[J]. Proceedings of the National

Academy of Sciences of the United States of America, 1962, 48（7）: 1142-1146.

[51] Zhou Bo, Cai Xiaochun, Trinajstić N. On Reciprocal Complementary Wiener Number [J]. Discrete Applied Mathematics, 2009, 157（7）: 1628-1633.

[52] Khalifeh M, Yousefi-Azari H, Ashrafi A R, et al. Some New Results on Distance-Based Graph Invariants[J]. European Journal of Combinatorics, 2009, 30（5）: 1149-1163.

[53] Das K C, Gutman I. Estimating the Wiener Index by Means of Number of Vertices, Number of Edges, and Diameter[J]. MATCH Communications in Mathematical and in Computer Chemistry, 2010, 64（3）: 647-660.

[54] Das K C, Zhou Bo, Trinajstaić N. Bounds on Harary Index[J]. Journal of Mathematical Chemistry, 2009, 46（4）: 1377-1393.

[55] Hua Hongbo. Wiener and Schultz Molecular Topological Indices of Graphs with Specified Cut Edges[J]. MATCH Communications in Mathematical and in Computer Chemistry, 2009, 61（3）: 643.

[56] Šparl P, Vukičević D, Ťerovnik J. Graphs with Minimal Value of Wiener and Szeged Number[J]. International Journal of Chemical Modeling, 2012, 4（2/3）: 127-134.

[57] Šparl P, Žerovnik J. Graphs with Given Number of Cut-Edges and Minimal Value of Wiener Number[J]. International Journal of Chemical Modeling, 2011, 3（1/2）: 131-137.

[58] Wu Xiaoying, Liu Huiqing. On the Wiener Index of Graphs[J]. Acta Applicandae Mathematicae, 2010, 110（2）: 535-544.

[59] Xu Kexiang, Trinajstić N. Hyper-Wiener and Harary Indices of Graphs with Cut Edges[J]. Utilitas Mathematica, 2011, 84: 153-163.

[60] Feng Lihua, Yu Guihai, Liu Weijun. The Hyper-Wiener Index of Graphs with a Given Chromatic（clique）Number[J]. Utilitas Mathematica, 2012, 88: 399-407.

[61] Xu Kexiang, Das K C. On Harary Index of Graphs [J]. Discrete Applied Mathematics, 2011, 159（15）: 1631-1640.

[62] Feng Lihua, Ilić A. Zagreb, Harary and Hyper-Wiener Indices of Graphs with a Given Matching Number[J]. Applied Mathematics Letters, 2010, 23（8）: 943-948.

[63] Gutman I, Zhang Shenggui. Graph Connectivity and Wiener Index [J]. Bulletin Classe des Sciences Mathematiques et Natturalles, 2006, 133: 1-5.

[64] Walikar H B, Shigehalli V S, Ramane H S. Bounds on the Wiener Number of a Graph [J]. MATCH Communications in Mathematical and in Computer Chemistry, 2004, 50: 117-132.

[65] Behtoei A, Jannesari M, Taeri B. Maximum ZagrebIndex, Minimum Hyper-Wiener Index and Graph Connectivity[J]. Applied Mathematics Letters, 2009, 22（10）: 1571-1576.

[66] Liu Muhuo, Liu Bolian. On the Wiener Polarity Index[J]. MATCH Communications in Mathematical and in Computer Chemistry, 2011, 66（1）: 293-304.

[67] Chung Fan, Lu Linyuan. The Average Distance in a Random Graph with Given Expected Degrees[J]. Internet Mathematics, 2004, 1（1）: 91-113.

第4章

聚類和圈

　　Erdös-Rényi 模型的一個特點是一個節點附近的局部網路結構往往可漸進為一棵樹。更準確地說，在規模有限的大網路中，小圈出現的機率趨向於 0，這與許多現實世界網路中存在大量短圈是矛盾的。本章將描述一些為研究網路的聚類和圈結構所提出的度量。

4.1　聚類係數

　　聚類係數是表示一個圖中節點聚集程度的係數。在現實網路中，尤其是在特定的網路中，由於相對高密度連接點的關係，節點總是趨向於建立一組嚴密的組織關係，這種可能性往往比兩個節點之間隨機設立一個連接的平均機率更大，聚類係數可以量化表示這種相互關係。聚類係數可以表徵網路中階為 3 的圈的存在性，例如，在你的朋友關係網路中，可以用你的聚類係數來定量刻畫你的任意兩個朋友之間也互為朋友的機率。

　　假設網路中節點 i 的度為 k_i，即它有 k_i 個直接有邊相連的鄰居節點。如果節點 i 的 k_i 個鄰點之間也都兩兩互為鄰居，那麼，在這些鄰點之間就存在 $k_i(k_i-1)/2$ 條邊，這是邊數最多的一種情形。但是，在實際情形中，節點 i 的 k_i 個鄰點之間未必都兩兩互為鄰居。網路中度為 k_i 的節點 i 的聚類係數 C_i 定義為

$$C_i = \frac{E_i}{(k_i(k_i-1))/2} = \frac{2E_i}{k_i(k_i-1)} \tag{4-1}$$

式中　E_i——節點 i 的 k_i 個鄰點之間實際存在的邊數。

　　如果節點 i 只有一個鄰點或者沒有鄰點（即 $k_i=1$ 或 $k_i=0$），那麼 $E_i=0$，此時式(4-1) 的分子分母全為零，記 $C_i=0$。顯然 $0 \leqslant C_i \leqslant 1$，並且 $C_i=0$ 當且僅當節點 i 的任意兩個鄰點都不互為鄰居或者節點 i 至多只有一個鄰點。

　　可以從另一個角度來闡述給定節點 i 的聚類係數的定義。一個三角形是滿足每對節點之間都有邊的三個節點的集合；一個連通的三元組是三個節點的一個集合，其中每個節點可以由彼此（直接或間接地）到達，即兩個節點必須相鄰於另一個節點（中心節點）。如果以節點 i 為中心點的連通三元組表示包含節點 i 的 3 個節點並且至少存在從節點 i 到其他兩個節點的兩條邊，那麼 E_i 也可看作是以節點 i 為節點之一的三角形的數目，並且以節點 i 為中心的連通三元組的數目實際上就是包含節點 i 的三角形的最大可能的數目。因此，可以給出與定義(4-1) 等價的節點 i 的聚類係數的定義[1]：

$$C_i = \frac{N_\triangle(i)}{N_3(i)}$$

式中　$N_\triangle(i)$——包含節點 i 的三角形的數量；

　　$N_3(i)$——以節點 i 作為中心點的連通三元組的數量。

給定網路的鄰接矩陣表示為 $A = (a_{ij})_{N \times N}$，那麼

$$N_\triangle(i) = \sum_{k>j} a_{ij} a_{ik} a_{jk}, \qquad N_3(i) = \sum_{k>j} a_{ij} a_{ik}$$

這是因為 $a_{ij} a_{ik} a_{jk} = 1$ 當且僅當 i、j 和 k 構成一個三角形，$a_{ij} a_{ik} = 1$ 當且僅當三個節點 i、j、k 以節點 i 為中心構成了連通三元組。因此，節點 i 的聚類係數可如下計算：

$$C_i = \frac{\sum_{k>j} a_{ij} a_{ik} a_{jk}}{\sum_{k>j} a_{ij} a_{ik}}$$

一個網路的聚類係數 C 定義為網路中所有節點的聚類係數的平均值，即

$$C = \frac{1}{N} \sum_{i=1}^{N} C_i \qquad\qquad (4\text{-}2)$$

顯然有 $0 \leqslant C \leqslant 1$。$C = 0$ 當且僅當網路中所有節點的聚類係數均為零；$C = 1$ 當且僅當網路中所有節點的聚類係數均為 1。在全局耦合網路中，由於所有的連通三元組都構成一個三角形，因而 $C = 1$。然而隨著網路規模的增長，在經典隨機網路中 $C \to 0$。更具體地說，在經典隨機網路中，根據定義，節點對連接的機率是獨立的。因此，C 等於這些網路中一個連接的機率。

考慮圖 4-1 所示的包含 5 個節點的網路。

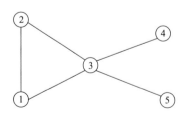

圖 4-1　5 個節點的網路

對節點 1 有 $E_1 = 1$，$k_1 = 2$，於是有

$$C_1 = \frac{2E_1}{k_1(k_1 - 1)} = 1$$

同樣可以求得

$$C_2 = 1, \ C_3 = \frac{1}{6}, \ C_4 = C_5 = 0$$

於是整個網路的聚類係數為

$$C = \frac{1}{5} \sum_{i=1}^{5} C_i = \frac{13}{30}$$

人們經常使用的聚類係數有兩種，另一種也稱為橫截性[2]，基於下面對無向無權網路的定義：

$$C = \frac{3N_\triangle}{N_3} \tag{4-3}$$

式中　$N_\triangle$——網路中三角形的數量；

　　　N_3——網路中連通三元組的數量。

式中因子 3 是由於每個三角形可以被看作三個不同的連通三元組，它們分別以三角形的 3 個節點為中心，並保證了 $0 \leqslant C \leqslant 1$。因此有

$$N_\triangle = \sum_{k>j>i} a_{ij} a_{ik} a_{jk}, \ N_3 = \sum_{k>j>i} (a_{ij} a_{ik} + a_{ji} a_{jk} + a_{ki} a_{kj})$$

式中　a_{ij}——鄰接矩陣 A 的元素。

兩個定義之間的差異是等式(4-2) 的平均值是給每個節點相同的權重，而等式(4-3) 的平均值是給網路中每個三角形相同的權重，從而導致不同的值，因為大度數的節點可能比小度數的節點包含更多的三角形。

考慮圖 4-1，該網路包含 1 個三角形和 8 個三元組。因此，按照定義(4-3)，該網路的聚類係數為 3/8。而按照節點聚類係數的定義，該網路的聚類係數為 13/30。

相對而言，聚類係數定義(4-2) 易於數值計算，因而被廣泛用於實際網路的數據分析，而聚類係數的另一定義(4-3) 則更為適於解析研究。

在網路科學研究中有時會關注一類節點的整體行為或平均行為。給定各節點的聚類係數，可以得到度為 k 的節點的聚類係數的平均值，從而可將聚類係數表示為節點度的函數：

$$C(k) = \frac{\sum_i C_i \delta_{k_i k}}{\sum_i \delta_{k_i k}}$$

式中，C_i 為節點 i 的聚類係數；若 $k_i = k$，$\delta_{k_i k} = 1$，否則 $\delta_{k_i k} = 0$。

對於許多實際網路，此函數具有形式 $C(k) \sim k^{-\alpha}$。很多人認為這種形式反映了網路具有層次結構，即網路可以劃分為一個一個明顯的層次。也可以說網路節點聚合成許多小群體，而這些小群體又在某一層次上聚合成較大的群體，如此形成一個個分層次的群體結構。這個指數 α 稱為

「層次指數」[3]。圖 4-2 給出了雙對數座標系下的兩個實際網路的例子，圖中虛線的斜率均為 -1。兩個網路分別敘述如下。

① 演員網路：從 www.IMDB.com 數據庫開始，如果好萊塢的任何兩個演員出演過同一部電影，那麼就在他們之間連一條邊，從而獲得一個具有 392340 個節點和 15345957 條邊的網路。

② 語義網路：如果兩個單詞在 Merriam Webster 詞典中顯示為同義詞，那麼就在兩者之間連一條邊，獲得的語義網路有 182853 個節點和 317658 條邊。

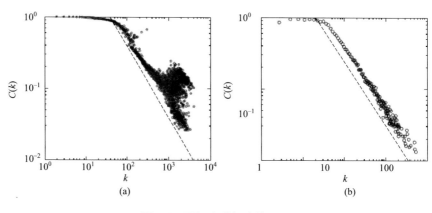

圖 4-2　兩個實際網路的 $C(k)$

Soffer 和 Vázquez[4] 發現聚類係數與 k 的這種依賴關係在某種程度上源自網路的度相關性（見第 5 章）。他們提出了一個沒有度相關性偏差的聚類係數的新定義：$\widetilde{C}_i = \dfrac{E_i}{W_i}$，其中 E_i 是節點 i 的鄰點之間實際存在的邊數，W_i 是在考慮節點 i 的鄰點的度以及它們必然與節點 i 相連的事實下 i 的鄰域中最大可能的邊數。

聚類係數的主要限制是不能應用於賦權網路。對賦權網路，Barthelemy[5] 等介紹了一個節點的賦權聚類係數的概念：

$$C_{w,\,i}^{B} = \frac{1}{s_i(k_i - 1)} \sum_{j,\,k} \frac{w_{ij} + w_{ik}}{2} a_{ij} a_{ik} a_{jk}$$

式中　w_{ij}——兩個節點 (i, j) 之間邊上的邊權；

　　　s_i——節點 i 的點強度，定義為 $s_i = \sum_j w_{ij}$，即節點 i 的鄰邊邊權之和。

歸一化因子 $s_i(k_i-1)$，確保了 $0 \leqslant C_{w,i}^B \leqslant 1$。這一定義考慮了節點 i 與其鄰點之間的邊的權值的影響，但是沒有考慮節點 i 的兩個鄰點之間的邊的權值的影響。這個定義適用於民用航空網路和科學合作網路。

由這個方程，賦權網路的聚類係數的一個可能定義為 $C^w = \dfrac{1}{N}\sum_i {}^B_{w,i}$。

賦權網路中聚類的另一個定義[6] 是基於三角形子圖的強度：

$$C_{w,i}^O = \frac{1}{k_i(k_i-1)}\sum_{j,k}(\hat{w}_{ij}\hat{w}_{ik}\hat{w}_{jk})^{1/3}$$

式中 $\hat{w}_{ij}$——$\hat{w}_{ij} \in [0,1]$，歸一化權值，$\hat{w}_{ij} = \dfrac{w_{ij}}{\max\limits_{l,k} w_{lk}}$；

$(\hat{w}_{ij}\hat{w}_{ik}\hat{w}_{jk})^{1/3}$——節點 i 與它的兩個鄰點 j 和 k 組成的三角形的三條邊的歸一化權值的幾何平均。

由無權網路中節點聚類係數的定義(4-1) 可以看出，在無權網路中，節點 i 的聚類係數等於包含節點 i 的三角形的數目 E_i 除以以節點 i 及其鄰點為節點的三角形數目的可能的上界。基於這一定義的推廣，可以得到賦權網路中節點聚類係數的第三種定義[7] 如下：

$$C_{w,i}^Z = \frac{\dfrac{1}{2}\sum\limits_{j,k}\hat{w}_{ij}\hat{w}_{ik}\hat{w}_{jk}}{\dfrac{1}{2}\left(\left(\sum\limits_k\hat{w}_{ik}\right)^2 - \sum\limits_k\hat{w}_{ik}^2\right)} = \frac{\sum\limits_{j,k}\hat{w}_{ij}\hat{w}_{ik}\hat{w}_{jk}}{\left(\sum\limits_k\hat{w}_{ik}\right)^2 - \sum\limits_k\hat{w}_{ik}^2} \tag{4-4}$$

上式的分子即為包含節點 i 的三角形數目 E_i 的加權化形式，而對應的分母則為分子可能的上界，從而保證 $C_{w,i}^Z \in [0,1]$，式(4-4) 也可以寫為[8]

$$C_{w,i}^K = \frac{\sum\limits_{j,k}\hat{w}_{ij}\hat{w}_{ik}\hat{w}_{jk}}{\sum\limits_{j \neq k}\hat{w}_{ij}\hat{w}_{ik}}$$

上面介紹了有代表性的 4 種聚類係數，下面介紹文獻 [9] 中總結的其他幾類賦權網路聚類係數的定義。

Lopez-Fernandez 等[10] 的定義為

$$C_{w,i}^L = \sum_{j,k \in N(i)}\frac{w_{jk}}{k_i(k_i-1)}$$

這個定義源自免費的開源軟體項目的提交者或模組的隸屬關係網路。

Serrano 等[11] 的定義為

$$C_{w,i}^S = \frac{\sum\limits_{j,k} w_{ij} w_{ik} a_{kj}}{s_i^2 \left(1 - \sum\limits_{j} (w_{ij}/s_i)^2\right)}$$

該公式是具有 k 度節點的平均聚類係數的推廣，就像未加權的聚類係數一樣具有機率解釋。

下面分析賦權網路聚類係數的不同定義之間的關係。

① 當權 w_{ij} 用鄰接矩陣的元素替換時，所有的定義都歸結為聚類係數 C_i。

② 所有的賦權聚類係數為 0，當節點 i 的鄰點之間無邊時，即不存在包含節點 i 的三角形。

③ $C_{w,i}^B$ 和 $C_{w,i}^S$ 值為 1 的充分必要條件是節點 i 的所有鄰點之間相互連接，即節點 i 與它的任意兩個鄰點都構成一個三角形。但是這一條件只是其他賦權聚類係數為 1 的必要條件。因為 $C_{w,i}^Z$ 和 $C_{w,i}^L$ 值為 1 還要求節點 i 的所有鄰點之間的權相等且為最大值，而與節點 i 相連的邊的權值無關。$C_{w,i}^O = 1$ 則要求包含節點 i 的所有三角形的邊的權值都相同。

4.2 圈係數

分層結構出現在一些真實的網路中，並透過聚類係數 $C(k)$ 的一個冪律行為來闡明。這表明網路基本上是模組化的，這是高度的網路聚類的起源。特別是近期在對複雜的網路拓撲特性的研究中，圈結構已經引起了很大的重視。與樹狀拓撲結構相比，圈對資訊或病毒的傳播提供了更多的路徑，所以圈可以影響資訊的傳遞、運輸過程和流行病的傳播行為。

在考慮圈結構時，聚類係數僅計算了三角形結構，但是，有許多由超過 3 條邊構成的更高階的閉圈，現在已經有一些關於 4 階或 5 階圈的研究，所以，很自然地要去考慮所有階的圈，從而來表徵圈的結構。下面簡要介紹 4 階圈的情況。

Lind 等[12] 定義了 4 階圈的聚類係數 $C_4(i)$，即節點 i 的兩個鄰點有不同於節點 i 的公共鄰點的機率。

$$C_4(i) = \frac{\sum\limits_{j=1}^{k_i} \sum\limits_{l=j+1}^{k_i} q_i(j,l)}{\sum\limits_{j=1}^{k_i} \sum\limits_{l=j+1}^{k_i} [a_i(j,l) + q_i(j,l)]}$$

式中 k_i——節點 i 的度；

j,l——節點 i 的兩個標號鄰點；

$q_i(j,l)$——j 和 l 公共鄰點的個數。

$$a_i(j,l)=(k_j-\eta_i(j,l))(k_l-\eta_i(j,l)), \eta_i(j,l)=1+q_i(j,l)+$$

θ_{jl}，如果鄰點 j 和 l 連通，$\theta_{jl}=1$，否則為 0。

Kim 和 Kim[13] 定義了用於度量網路圈結構的一個係數，從而考慮了從 3 階到無限階的所有圈。節點 i 的圈係數被定義為由節點 i 和它的鄰域形成的最小圈所含邊數的倒數的平均值：

$$\theta_i=\frac{2}{k_i(k_i-1)}\sum_{k>j}\frac{1}{S_{ijk}}a_{ij}a_{ik}$$

式中　S_{ijk}——經過節點 i、j 和 k 的最小圈所含邊的數目；

$\dfrac{2}{k_i(k_i-1)}$——經過節點 i 的可能圈數。

注意，如果節點 j 和 k 相鄰，則最小圈是三角形，從而 $S_{ijk}=3$。如果沒有圈透過 i、j 和 k，這些節點是樹狀連通的，從而 $S_{ijk}=\infty$。

定義整個網路的圈係數為所有節點的圈係數的平均值：

$$\theta=\frac{1}{N}\sum_i\theta_i$$

式中　N——網路節點總數。

它的值在 0 和 1/3 之間。$\theta=0$ 表示網路是不包含任何圈的完美樹狀結構。同時，如果所有點的鄰點都是鄰接的，那麼，$\theta=\dfrac{1}{3}$。因此，圈係數越大，這個網路包含的圈越多，從而，圈係數 θ 是鑒別複雜網路流通程度的一個很好量度。

考慮圖 4-3 所示的包含 6 個點的網路，對於節點 5 有

$k_5=4$，$S_{512}=3$，$S_{514}=5$，$S_{524}=4$，$S_{516}=S_{526}=S_{546}=\infty$

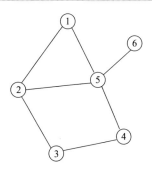

圖 4-3　6 個點的網路

於是有

$$\theta_5 = \frac{47}{360}$$

同樣可以求得

$$\theta_1 = \frac{1}{3}, \ \theta_2 = \frac{47}{180}, \ \theta_3 = \frac{1}{4}, \ \theta_4 = \frac{1}{4}, \ \theta_6 = 0$$

於是整個網路的圈係數為

$$\theta = \frac{49}{240}$$

4.3　無標度隨機圖的聚類係數

　　人們對真實世界網路的結構有著濃厚的興趣，尤其是網路。已經提出了許多數學模型，其中大多數描述了圖處理過程，也即以某種優先的附著的形式添加新的邊。有大量的文獻討論了這些網路的性質，參看文獻［14，15］。

　　Barabási-Albert 模型（BA 模型）可能是被最廣泛研究的由優先的附著管理的圖處理過程。在每個時間步驟中添加一個新的頂點，這個頂點連向圖中 m 個頂點，這 m 個頂點被選擇的機率與它們的度成比例。令 $d_t(v)$ 表示頂點 v 在時刻 t 的總度數。BA 模型最自然的擴展是在 $t+1$ 時刻，對 v 的附著機率與 $d_t(v) + \beta$ 成比例，在這裡，β 是一個常數，表示頂點的固有吸引力。下面著重介紹由 Móri[16] 引入的取決於兩個參數的一個模型，這兩個參數分別是：m（除了第一個頂點外的每個頂點的出度）以及 $\beta(\beta \in R, \ \beta > 0)$。

　　首先定義 $m=1$ 這個過程。令 $G_{1,\beta}^1$ 是只有單頂點 v_1 組成的圖。圖 $G_{1,\beta}^{n+1}$ 由 $G_{1,\beta}^n$ 透過添加一個新的頂點 v_{n+1} 和一個單向的邊 e 構成。e 的尾是 v_{n+1}，頭由一個隨機變量 f_{n+1} 決定。將 $G_{1,\beta}^n$ 中的邊標號為 e_2，$\cdots$，e_n 使得 e_i 是唯一具有尾為 v_i 的邊。令

$$\Omega_{n+1} = \{(1, v), \cdots (n, v), (2, h), \cdots (n, h), (2, t), \cdots (n, t)\}$$

f_{n+1} 取值於 Ω_{n+1} 使得對於 $1 \leqslant i \leqslant n$，有

$$\Pr(f_{n+1} = (i, v)) = \frac{\beta}{(2+\beta)n - 2}$$

並且對於 $2 \leqslant i \leqslant n$，有

$$\Pr(f_{n+1} = (i, h)) = \Pr(f_{n+1} = (i, t)) = \frac{1}{(2+\beta)n - 2}$$

在時間 $n+1$，增加的新邊的頭被稱為 v_{n+1} 的目標點，確定如下：如果 $f_{n+1}=(i,v)$，那麼目標點是 v_i；如果 $f_{n+1}=(i,h)$，那麼目標點是 e_i 的頭；如果 $f_{n+1}=(i,t)$，那麼目標點是 e_i 的尾，也就是 v_i。

於是由上述定義可知對 $1\leqslant i\leqslant n$，v_i 為 v_{n+1} 的目標點的機率為

$$\frac{d_n(v_i)+\beta}{(2+\beta)n-2} \tag{4-5}$$

擴展這個模型到隨機圖過程 $(G_{m,\beta}^n)$ 如下：運行圖過程 $(G_{1,\beta}^t)$，形成 $G_{m,\beta}^n$，透過合併 $G_{1,\beta}^{nm}$ 前 m 個頂點形成 v_1，下 m 個頂點形成 v_2 等。注意到這個定義不能直接擴展到 $\beta=0$ 的情形，因為當 $n=1$ 時，表達式(4-5) 中的分母為 0，因此這個過程不能開始。解決這個問題的一種方法是定義 $G_{1,0}^2$ 為只有一條單獨的邊組成的圖，然後讓這個過程從這里繼續進行。

性質 4-1 對 $\beta>0$，$G_{m,\beta}^n$ 中三角形數目的期望為

$$\left(m(m-1)\frac{(1+\beta)^2}{\beta^2}+m(m-1)^2\frac{(1+\beta)^3}{\beta^2(2+\beta)}\right)\ln n+O(1)$$

性質 4-2 對 $\beta>0$，$G_{m,\beta}^n$ 中無序三元組數目的期望為

$$\left(\frac{2+5\beta}{2\beta}m^2+\frac{2-\beta}{2\beta}m\right)n+O(n^{2/(2+\beta)})$$

定理 4-1 對任意的 $\varepsilon>0$ 和 $\gamma>0$，都存在一個 n^γ，使得對所有的 $n\geqslant n^*$

$$\Pr(|N_3-E[N_3]|\geqslant n^{\frac{4+\beta}{4+2\beta}+\varepsilon})\leqslant\frac{1}{n^\gamma}$$

定理 4-2 對任意的 $\beta>0$，$G_{m,\beta}^n$ 聚類係數的期望為

$$E[C(G_{m,\beta}^n)]=\frac{3c_1\ln n}{c_2 n}+O(1/n)$$

式中　$c_1=m(m-1)\dfrac{(1+\beta)^2}{\beta^2}+m(m-1)^2\dfrac{(1+\beta)^3}{\beta^2(2+\beta)}$

$c_2=\dfrac{2+5\beta}{2\beta}m^2+\dfrac{2-\beta}{2\beta}m$

證明 根據定義 (4-3)，有 $E[C(G_{m,\beta}^n)]=E[3N_\triangle/N_3]$。選擇 ε 使得 $0<\varepsilon<\dfrac{\beta}{4+2\beta}$，令 $\eta=\varepsilon+\dfrac{4+\beta}{4+2\beta}<1$，$I$ 表示區間 $[E[N_3]-n^\eta,E[N_3]+n^\eta]$。由性質 4-2，有 $E[N_3]-n^\eta=c_2 n-(1+o(1))n^\eta$，$E[N_3]+n^\eta=c_2 n+(1+o(1))n^\eta$。假設 $n\geqslant n^*$，這里的 n^* 是滿足定理 4-1 中 $\gamma=4$ 的情形的最小 n 值。因為 $C(G_{m,\beta}^n)\leqslant m$，所以

$$E[C(G_{m,\beta}^n)] \leqslant \sum_{j=1}^{\infty} \sum_{i \in I} \frac{3j}{i} \Pr(N_\triangle = j, N_3 = i) + m\Pr(N_3 \notin I)$$

$$\leqslant \sum_{j=1}^{\infty} \frac{3j}{c_2 n - (1+o(1))n^\eta} \Pr(N_\triangle = j) + m\Pr(N_3 \notin I)$$

由定理 4-1 中 $\gamma = 1$ 的情形和性質 4-1，有

$$E[C(G_{m,\beta}^n)] \leqslant \sum_{j=1}^{\infty} \frac{3j}{c_2 n - (1+o(1))n^\eta} \Pr(N_\triangle = j) + \frac{m}{n}$$

$$= \frac{3c_1 \ln n}{c_2 n}(1 + (1/c_2 + o(1))n^{\eta-1}) + \frac{m}{n}$$

$$= \frac{3c_1 \ln n}{c_2 n} + O(1/n)$$

也可以得到

$$E[C(G_{m,\beta}^n)] \geqslant \sum_{j=1}^{\infty} \sum_{i \in I} \frac{3j}{i} \Pr(N_\triangle = j, N_3 = i)$$

$$\geqslant \sum_{j=1}^{\infty} \sum_{i \in I} \frac{3j}{c_2 n + (1+o(1))n^\eta} \Pr(N_\triangle = j, N_3 = i)$$

$$= \frac{3E[N_\triangle]}{c_2 n + (1+o(1))n^\eta} - \sum_{j=1}^{\infty} \sum_{i \notin I} \frac{3j}{c_2 n + (1+o(1))n^\eta} \Pr(N_\triangle = j, N_3 = i)$$

因為在 $G_{m,\beta}^n$ 中有至多 $n^3 m^3$ 個三角形，所以

$$\sum_{j=1}^{\infty} \sum_{i \notin I} \frac{3j}{c_2 n + (1+o(1))n^\eta} \Pr(N_\triangle = j, N_3 = i) \leqslant \frac{3n^3 m^3}{c_2 n + (1+o(1))n^\eta} \Pr(N_3 \notin I)$$

定理 4-1 中 $\gamma = 4$ 的情形説明這個值是 $O(1/n)$。最終

$$\frac{3E[N_\triangle]}{c_2 n + (1+o(1))n^\eta} = \frac{3c_1 \ln n}{c_2 n}(1 - (1/c_2 + o(1))n^{\eta-1}) = \frac{3c_1 \ln n}{c_2 n} + O(1/n)$$

證畢。

參考文獻

---

[1]　Watts D J, Strogatz S H. Collective Dynamics of 'Small-World' Networks[J].

Nature, 1998, 393 (6684): 440-442.

[2]　Newman M E J. Who is the best connected

scientist? A Study of Scientific Coauthorship Networks [J]. Physical Review E, 2001, 64: 016131.

[3] Ravasz E, Barabàsi A L. Hierarchical Organization in Complex Networks[J]. Physical Review E, 2003, 67 (2): 026112.

[4] Soffer S N, Vàzquez A. Network Clustering Coefficient without Degree-Correlation Biases [J]. Physical Review E, 2005, 71 (5): 057101.

[5] Barthélemy M, Barrat A, Pastor-Satorras R and Vespignani, A. Characterization and Modeling of Weighted Networks[J]. Physica A, 2005, 346 (1): 34-43.

[6] Onnela J P, Saramäki J, Kertész J and Kaski K. Intensity and Coherence of Motifs in Weighted Complex Networks [J]. Physical Review E, 2005, 71 (6): 065103.

[7] Zhang Bin, Horvath S. A General Framework for Weighted Gene Co-Expression Network Analysis[J]. Statistical Applications in Genetics and Molecular Biology, 2005, 4 (1): article 17.

[8] Kalna G and Higham D J. Clustering Coefficients for Weighted Networks [C]// Hoche S, Memmott, J, Monk N, N ürnberger A. Symposium on Network Analysis in Natural Sciences and Engineering. Glasgow: University of Strathclyde Mathematics, 2006.

[9] Antoniou I E, Tsompa E T. Statistical Analysis of Weighted Networks[J]. Discrete Dynamics in Nature and Society, 2008, 2008: 1-16.

[10] Lopez-Fernandez L, Robles G, Gonzalez-Barahona J M. Applying Social Network Analysis to the Information in CVS Repositories: MSR2004: Proceedings of the 1st International Workshop on Mining Software Repositories [C]. Edinburgh, 2004: 101-105.

[11] Serrano M A, Boguñá M, Pastor-Satorras R. Correlations in Weighted Networks[J]. Physical Review E, 2006, 74 (5): 055101.

[12] Lind P G, Gonzalez M C, Herrmann H J. Cycles and Clustering in Bipartite Networks [J]. Physical Review E, 2005, 72 (5): 056127.

[13] Kim H J, Kim J M. Cyclic Topology in Complex Networks [J]. Physical Review E, 2005, 72 (3): 036109.

[14] Barabàsi A L, Albert R. Statistical Mechanics of Complex Networks[J]. Reviews of Modern Physics, 2002, 74 (1): 47-97.

[15] Bollobàs B, Riordan O M. Mathematical Results on Scale-Free Random Graphs [M]//Bornholdt S, Schuster H G. Handbook of Graphs and Networks: From the Genome to the Internet. Berlin: Wiley-VCH, 2003: 1-34.

[16] Mòri T F. On Random Trees[J]. Studia Scientiarum Mathematicarum Hungarica, 2002, 39 (1-2): 143-155.

第5章

度分布及相關關系

度是網路中描述連接關係的一個重要指標，也是一個重要的網路度量，與度相關的度量也有很多，本章主要研究網路的度分布及相關關係。

5.1 **度分布**

度定義為節點的鄰邊數，可記為

$$k_i = \sum_j a_{ij} = \sum_j a_{ji}$$

式中 a_{ij}——網路的鄰接矩陣 $A = (a_{ij})_{N \times N}$ 中的元素。

度是對節點相互連接統計特性的最重要描述。在確定了網路中各個節點的度值之後，就可以進一步得到有關整個網路的一些性質。基於節點的度，可以導出網路的許多度量，其中一個最簡單的是最大度：$k_{max} = \max_i k_i$。對於有限網路，網路最大度在網路拓撲結構和動力學特性中扮演著重要的角色。也可以很容易地計算出網路節點的平均度：

$$\langle k \rangle = \frac{1}{N} \sum_i k_i = \frac{1}{N} \sum_{ij} a_{ij}$$

給定兩個節點數相同的網路，它們的平均度相等也就等價於它們的總邊數相等。還可以把網路中節點的度按從小到大排序，從而統計出度為 k 的節點占整個網路節點數的比例。度分布 $P(k)$ 定義為任意選一個節點，它的度正好為 k 的機率。例如，對於圖 5-1 所示的包含 10 個節點的網路，有

$$P(0) = \frac{1}{10}, \ P(1) = \frac{2}{5}, \ P(2) = \frac{1}{5}, \ P(3) = \frac{1}{5}, \ P(4) = \frac{1}{10}$$

$$P(k) = 0, \ k > 4$$

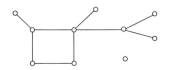

圖 5-1　10 個節點的網路

對有向網路，入度分布 $P^{in}(k^{in})$ 定義為網路中隨機選取的一個節點的入度為 k^{in} 的機率；出度分布 $P^{out}(k^{out})$ 定義為網路中隨機選取的一個節點的出度為 k^{out} 的機率；入度和出度的聯合分布 $P^{io}(k^{in}, k^{out})$ 定義為網路中隨機選取的一個節點的入度為 k^{in}、出度為 k^{out} 的機率。

　　圖 5-2 給出了由 7 個節點組成的有向網路；表 5-1 給出了其對應的入度分布、出度分布以及入度和出度的聯合分布。

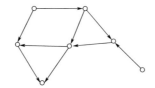

圖 5-2　7 個節點的有向網路

表 5-1　圖 5-2 所示網路的入度分布、出度分布以及入度和出度的聯合分布

k^{in}	0	1	2	k^{out}			0	1	2
$P^{in}(k^{in})$	2/7	1/7	4/7	$P^{out}(k^{out})$			1/7	3/7	3/7
(k^{in},k^{out})	(0,0)	(0,1)	(0,2)	(1,0)	(1,1)	(1,2)	(2,0)	(2,1)	(2,2)
$P^{io}(k^{in},k^{out})$	0	1/7	1/7	0	0	1/7	1/7	2/7	1/7

　　由於網路是刻畫系統單元之間相互作用的一種骨架，所以現實世界存在不勝枚舉的複雜網路。按照 Newman[1] 的綜述文章，它們可以分為社會網路、資訊網路、技術網路和生物網路等。統計來自於不同種類網路的數據，可以發現這些網路所具有的共同屬性以及產生這些屬性的機制。在文獻 [2] 中，史定華教授分析了這些網路的度分布，發現它們有一個共同的特點，就是幾乎都遵循冪律分布。

　　人們往往只能獲得許多實際網路的部分數據，為了與實際網路區分，稱之為數據網路。於是有如下問題：根據數據網路統計的度分布是實際網路的真實度分布嗎？因為數據網路可以看作從真實網路抽樣得到的子網路，為了簡化問題，假設數據網路節點按機率 p 從真實網路隨機抽樣得到，當兩個節點都抽到連線保持時，見圖 5-3。

　　令數據網路的度分布為 $P^*(k)$，實際網路的度分布為 $P(k)$，在什麼意義下 $P^*(k)$ 能夠反映 $P(k)$ 呢？Stumpf 等人[3] 首先考慮了這個問題。為了建立 $P^*(k)$ 和 $P(k)$ 之間的關係，根據隨機抽樣假設，Cooper 和 Lu[4] 得到

$$P^*(k) = p \sum_{d \geqslant k} P(d) \begin{bmatrix} d \\ k \end{bmatrix} p^k (1-p)^{d-k}$$

式中　p——度為 d 的節點被抽到，然後其 k 個鄰節點也被抽到的機率。

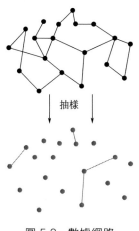

圖 5-3　數據網路

Stumpf 等人[3] 希望數據網路和實際網路的分布形式相同，只是參數不同。在此意義下，他們說明瞭若實際網路的度分布服從帕松分布，則數據網路的度分布仍為帕松分布；但若實際網路的度分布服從冪律分布，則數據網路的度分布不是冪律分布。問題出在隨機抽樣會產生許多孤立節點，而複雜網路又不考慮孤立節點。

Cooper 和 Lu[4] 忽略小度數來比較分布形式。在此意義下，對冪律分布，他們得到 $P^*(k)$ 與 $P(k)$ 從某個常數度開始有相同形式，條件是網路最大度小於 $N^{1/2-\varepsilon}$。

關於度分布的計算方法，BA 模型一提出就出現了三種計算度分布的方法：平均場方法、率方程方法、主方程方法。這些方法雖然有效，但都假定了穩態度分布存在，只能算是啓發式方法。之後，史定華教授提出了馬氏鏈數值計算方法，現已發展成一種強有力的理論分析工具。

5.2　度相關性

網路節點的平均度$<k>$可以視為網路的 0 階度分布特性，它反映了網路包含邊的數目。只要兩個網路具有相同的節點數和邊數，那麼它們就具有相同的平均度，因此平均度並不能給出網路的更多結構資訊。

網路的度分布 $P(k)$ 可以視為網路的 1 階度分布特性，它刻畫了網

路中不同度的節點各自所占的比例。顯然，度分布中已經包含了平均度的資訊：

$$\langle k \rangle = \sum_{k=0}^{\infty} k P(k)$$

度分布盡管是網路的一個重要拓撲特徵，但是不能由它唯一地刻畫一個網路，因為具有相同度分布的兩個網路可能具有非常不同的其他性質或行為。例如，圖 5-4 顯示的是兩個具有相同度分布的包含 7 個節點的網路，但是兩者在結構上具有明顯的區別：一個包含三角形但不連通，另一個連通但不包含三角形。

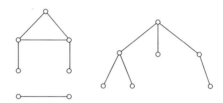

圖 5-4　具有相同度分布的包含 7 個節點的網路

因此，為了進一步刻畫網路的拓撲結構，需要考慮包含更多結構資訊的高階拓撲特性。通常是去檢查不同節點度之間的相關性，也即網路的二階度分布特性，這已被發現在許多結構和動力網路特性中起著重要作用。其中最常見的是考慮相鄰兩個節點之間的相關性，這種相關性可以由聯合機率分布 $P(k,k')$ 表示，即為網路中任意一條邊連接一個度為 k 的節點和一個度為 k' 的節點的機率。$P(k,k')$ 也可理解為網路中度為 k 的節點和度為 k' 的節點之間存在的邊數占網路總邊數的比例：

$$P(k,k') = \frac{m(k,k')\mu(k,k')}{2M}$$

式中　M——網路的總邊數；

$m(k,k')$——度為 k 和 k' 的節點之間的連邊數。

如果 $k=k'$，那麼 $\mu(k,k')=2$，否則 $\mu(k,k')=1$。

聯合機率分布具有如下性質：

① 對稱性，即

$$P(k,k') = P(k',k), \forall k,k'$$

② 歸一化，即

$$\sum_{k,k'=k_{\min}}^{k_{\max}} P(k,k') = 1$$

③ 餘度分布，即

$$P_N(k) = \sum_{k'=k_{\min}}^{k_{\max}} P(k',k)$$

式中　$k_{\min}$——網路中節點度的最小值；

$k_{\max}$——網路中節點度的最大值；

$P_N(k)$——網路中隨機選取的一個節點隨機選取的一個鄰節點度為 k 的機率。

一般而言，$P_N(k)$ 與度分布 $P(k)$ 是不同的。例如，$P_N(0)=0$，而在圖 5-1 中，$P(0)=1/10$。

下式表明網路的 2 階度分布特性包含了 1 階度分布特性：

$$P(k) = \frac{\langle k \rangle}{k} \sum_{k'=k_{\min}}^{k_{\max}} P(k',k) = \frac{\langle k \rangle}{k} P_N(k)$$

如果網路中兩個節點之間是否有邊相連與這兩個節點的度值無關，也就是說，網路中隨機選擇的一條邊的兩個端點的度是完全隨機的，即有

$$P(k,k') = P_N(k)P_N(k'), \forall k,k'$$

那麼就稱網路不具有度相關性；否則，就稱網路具有度相關性。

對於度相關的網路，如果總體上度大的節點傾向於連接度大的節點，那麼就稱網路是度正相關的；如果總體上度大的節點傾向於連接度小的節點，那麼就稱網路是度負相關的。

另一種表達節點度之間依賴關係的方式是度為 k 的節點的任意鄰點具有度為 k' 的條件機率：

$$P(k'|k) = \frac{P(k,k')}{P_N(k)} = \frac{\langle k \rangle P(k,k')}{kP(k)} \tag{5-1}$$

注意到 $\sum_{k'=k_{\min}}^{k_{\max}} P(k'|k) = 1$。對於無向網路

$$P(k,k') = P(k',k)$$

並且

$$k'P(k|k')P(k') = kP(k'|k)P(k)$$

對於有向網路，k 和 k' 都可能是入度、出度或總的度，並且一般 $P(k,k') \neq P(k',k)$。對於賦權網路，可以用強度 s 代替 k。

因此，在給定度分布的情況下，條件機率與聯合機率可以透過式(5-1)等價變換。如果條件機率 $P(k'|k)$ 與 k 相關，那麼就說明網路具有度相關性，並且網路拓撲具有層次結構。如果條件機率 $P(k'|k)$ 與 k 無關，那麼就說明節點度之間不具有相關性。此時，條件機率

$$P(k'|k) = \frac{P(k,k')}{P_N(k)} = \frac{P_N(k')P_N(k)}{P_N(k)} = P_N(k') = \frac{k'P(k')}{\langle k \rangle}$$

$P(k,k')$ 和 $P(k|k')$ 形式上表徵了節點度的相關性，但它們難以實驗評估，特別是對於 fat-tailed 分布，作為有限規模網路和最終生成的高度節點的小樣本的結果。這個問題可以透過計算度為 k 的節點的鄰點的平均度來解決，也稱為度為 k 的節點的餘平均度，記為 $k_{nn}(k)$。

假設節點 i 的 k_i 個鄰點的度為 k_{i_j}，$j = 1,2,\cdots,k_i$，網路中度為 k 的節點為 $v_1, v_2, \cdots, v_{i_k}$，那麼節點 i 的餘平均度為 $k_{nn}^i = \frac{1}{k_i}\sum_{j=1}^{k_i} k_{i_j}$，度為 k 的節點的餘平均度為 $k_{nn}(k) = \frac{1}{i_k}\sum_{i=1}^{i_k} k_{nn}^{v_i}$。例如，在圖 5-5 中，節點 3，4，6，7 的餘平均度分別為

$$k_{nn}^3 = \frac{5}{3},\ k_{nn}^4 = 2,\ k_{nn}^6 = \frac{7}{3},\ k_{nn}^7 = \frac{8}{3}$$

度為 3 的節點的餘平均度為

$$k_{nn}(3) = \frac{13}{6}$$

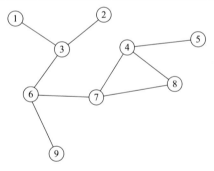

圖 5-5　9個節點的網路

$k_{nn}(k)$ 與條件機率和聯合機率之間的關係由下式給出：

$$k_{nn}(k) = \sum_{k'=k_{min}}^{k_{max}} k'P(k'|k) = \frac{1}{P_N(k)}\sum_{k'=k_{min}}^{k_{max}} k'P(k',k)$$

如果網路沒有度相關性，那麼 $k_{nn}(k)$ 是獨立於 k 的。

$$k_{nn}(k) = \sum_{k'=k_{min}}^{k_{max}} k'P(k'|k) = \sum_{k'=k_{min}}^{k_{max}} \frac{k'^2 P(k')}{\langle k \rangle} = \frac{\langle k'^2 \rangle}{\langle k \rangle}$$

當 $k_{nn}(k)$ 是 k 的遞增函數時，高度數的節點傾向於與高度數的節點

連接，從而表明網路是同配的，而當 $k_{nn}(k)$ 是 k 的遞減函數時，高度數的節點傾向於與低度數的節點連接，從而表明網路是異配的。

另一種確定度相關性的方法是考慮邊的兩端點的度的皮爾森相關係數：

$$r = \frac{(1/M)\sum_{j>i}k_i k_j a_{ij} - [(1/M)\sum_{j>i}(1/2)(k_i + k_j)a_{ij}]^2}{(1/M)\sum_{j>i}1/2(k_i^2 + k_j^2)a_{ij} - [(1/M)\sum_{j>i}(1/2)(k_i + k_j)a_{ij}]^2}$$

式中　M——網路的總邊數。

如果 $r>0$，則表明網路是同配的；如果 $r<0$，則表明網路是異配的；如果 $r=0$，則節點度之間不具有相關性。

度相關性可以用於表徵網路並驗證網路模型表示真實網路拓撲的能力。Newman 計算一些真實的和模型的網路的 Pearson 相關係數並發現，雖然模型重現了特定的拓撲特徵，如冪律度分布或小世界性，但是它們中的大部分（例如 Erdös-Rényi 和 Barabási-Albert 模型）不能再現同配混合（對於 Erdös-Rényi 和 Barabási-Albert 模型的 $r=0$）。此外，同配性取決於網路的類型。而社會網路往往是同配的，生物和技術網路經常是異配的。後一種性質對於實際目的是不期望的，因為至少已知異配網路對簡單目標攻擊是具有復原能力的。因此，例如在疾病傳播中，社交網路理論上是脆弱的（即網路被拆分成連通的分支，隔離疾病的集中），技術和生物網路應該對反對攻擊具有復原能力。度相關性與網路演進過程有關，因此，在開發新模型時應該考慮到，度相關性也對動態過程有很強的影響，諸如不穩定性、同步和傳播。

5.3　度相關的度量

5.3.1　幾類度相關的度量

（1）Randić 指標

歷史上第一個基於節點度的度量是現在被稱為 Zagreb 指標[5,6] 的圖不變量。然而，由於最初這一指標被用於完全不同的目的，所以直到很晚才被包括在拓撲指標中。1975 年，Randić 提出了第一個真正基於節點度的拓撲指標[7]，定義為

$$R = R(G) = \sum_{u \sim v} \frac{1}{\sqrt{d(u)d(v)}} = \sum_{u \sim v} [d(u)d(v)]^{-1/2} \qquad (5\text{-}2)$$

這里的和取遍圖 G 的所有相鄰點對。Randić 指標能夠很好地反映分子的物理化學性質，從而其對藥物設計的適用性立即獲得認可，並且最終該指標被無數次用於此目的。

一個特別有趣的結果是[8]：

$$R(G) = \frac{n}{2} - \frac{1}{2} \sum_{1 \leqslant i < j \leqslant n-1} \left(\frac{1}{\sqrt{i}} - \frac{1}{\sqrt{j}} \right)^2 m_{ij} \qquad (5\text{-}3)$$

式中　m_{ij}——連接一個度為 i 和一個度為 j 的點對的邊數。

式(5-3) 的一個直接結果是在任意 n 個節點的圖中，$n/2$ 是 Randić 指標的最大值，並且由每個分支都是正則圖的圖（度數大於零）達到。Randić 指標的許多其他性質可以很容易從等式(5-3) 中推導出，例如，在所有的樹中星和路分別具有極小和極大的 Randić 指標[9]。著名的數學家 Erdős 和 Bollobás 將這一定義進行了推廣，提出了廣義 Randić 指標[10] 的定義：

$$R_\alpha(G) = \sum_{u \sim v} [d(u)d(v)]^\alpha$$

即將式(5-2) 中的 $-1/2$ 用任意實數 α 替換。廣義 Randić 指標提出之後，學者們特別是數學家們開始關注 Randić 指標並取得了一批又一批的研究成果。加拿大皇家學會院士 Hansen 教授同其研究團隊藉助電腦提出了 Randić 指標與圖的其他不變量的一系列猜想，這些猜想更是吸引了學者們的廣泛關注。現在 Randić 指標也有很多不同的變型，對這一指標更多的研究結果，可參看李學良教授和史永堂教授的綜述文章[11]，以及李學良教授、Ivan Gutman 和 Milan Randić 的專著[12]。

（2）Zagreb 指標

著名的第一類 Zagreb 指標和第二類 Zagreb 指標分別定義為

$$M_1(G) = \sum_v d(v)^2 \qquad (5\text{-}4)$$

$$M_2(G) = \sum_{u \sim v} d(u)d(v) \qquad (5\text{-}5)$$

學者們廣泛研究了 M_1 和 M_2 的數學性質。這里首先提及這個著名等式[13]：

$$M_1(G) = \sum_{u \sim v} [d(u) + d(v)] \qquad (5\text{-}6)$$

同等式(5-5) 相比較，這個等式給出了兩個 Zagreb 指標之間深層次關係的一些提示。方程的一個更一般版本也被建立了[14]。

加拿大皇家學會院士 Hansen 教授等注意到，對許多具有 n 個節點和 m 條邊的圖，不等式

$$\frac{M_1(G)}{n} \leqslant \frac{M_2(G)}{m} \tag{5-7}$$

成立，於是，他們猜想對所有的圖這個不等式都成立。而後 Vukičevi[15] 很快發現了反例，但他證明瞭對於所有的分子圖是成立的。關係（5-7）現在也被引用為「Zagreb 指標不等式」。

（3）Narumi-Katayama 和多重 Zagreb 指標

Narumi 和 Katayama[16] 考慮了點度的乘積：

$$NK(G) = \prod_v d(v) \tag{5-8}$$

但是這個結構的描述僅僅吸引了有限的注意力。然而最近，按照 Todeschini 和 Consonni[17] 的建議，Zagreb 指標的多重版本進入了大家的視野。由方程（5-8）得到：

$$\prod_1(G) = \prod_v d(v)^2$$

$$\prod_2(G) = \prod_{u \sim v} d(u)d(v)$$

$$\prod_1^*(G) = \prod_{u \sim v} [d(u) + d(v)]$$

這三個指標分別被稱為「第一多重 Zagreb 指標」[18,19]（$\prod_1$）「第二多重 Zagreb 指標」[19]（$\prod_2$）和「修正的第一多重 Zagreb 指標」[20]（$\prod_1^*$）。顯然，Narumi-Katayama 指標和第一多重 Zagreb 指標的關係為

$$\prod_1(G) = NK(G)^2$$

（4）ABC 指標

令 e 為圖 G 中連接節點 u 和 v 的一條邊。於是在 Randić 指標定義中的 $d(u)d(v)$ 項，即為邊 e 端點度的乘積。邊 e 的度，即為與 e 相鄰的邊的數目，等於 $d(u)+d(v)-2$。

為了考慮這些資訊，Estrada[21] 構想了一個新的拓撲指標，即等式(5-2)的修正版本，將其命名為「原子鍵連通性指標」，簡稱為 ABC 指標，定義為

$$ABC(G) = \sum_{u \sim v} \sqrt{\frac{d(u) + d(v) - 2}{d(u)d(v)}} \tag{5-9}$$

（5）增廣的 Zagreb 指標

受到 ABC 指標的啟發，Furtula[22] 等人提出了它的修訂版本，將其

命名為「增廣的 Zagreb 指標」。它被定義為

$$\mathrm{AZI}(G) = \sum_{u \sim v} \left[\frac{d(u)d(v)}{d(u)+d(v)-2} \right]^3 \tag{5-10}$$

式(5-10) 應與式(5-9) 進行比較，注意到如果代替指標 3，將其設定為 -0.5，那麼將得到普通的 ABC 指標。初步研究表明 AZI 具有比 ABC 平均更好的相關性潛力[22,23]。

(6) 幾何算術指標

另一個最近構想的基於節點度的拓撲指標利用了幾何和算術平均之間的差異，並被定義為

$$\mathrm{CA}(G) = \sum_{u \sim v} \frac{\sqrt{d(u)d(v)}}{\frac{1}{2}[d(u)+d(v)]} \tag{5-11}$$

其中，$\sqrt{d(u)d(v)}$ 和 $\frac{1}{2}[d(u)+d(v)]$ 分別是一條邊端點度的幾何和代數平均。已知前者常常小於或等於後者。這個指標由 Vukičević 和 Furtula[24] 提出，並將其命名為「幾何算術指標」。

(7) 諧波指標

在 20 世紀 80 年代，Siemion Fajtlowicz 對於圖論中猜想的自動生成創造了一個電腦程式。然後他檢查了無數個圖不變量之間的可能關係，其中有一個基於節點度的量[25]：

$$H(G) = \sum_{u \sim v} \frac{2}{d(u)+d(v)} \tag{5-12}$$

$H(G)$ 並沒有引起大家的注意，直到 2012 年，Zhong[26] 重新介紹了這個量，並將其命名為「諧波指標」。

(8) 和連通性指標

所謂的「和連通性指標」是由周波教授和 Nenad Trinajstić[27] 最近提出來的。他們注意到，在 Randić 分支指標的定義中，式(5-2) 對於節點度的乘積 $d(u) \times d(v)$ 的使用沒有一個先驗的理由，並且此項可以由 $d(u)+d(v)$ 替代。如果這樣的話，代替等式(5-2)，可以得到

$$\mathrm{SCI}(G) = \sum_{u \sim v} \frac{1}{\sqrt{d(u)+d(v)}} \tag{5-13}$$

考慮到方程 (5-13)，原始的 Randić 指標 R 有時被稱為「積連通性指標」。和連通性指標的很多性質已經被確定[28~34]，主要是關於 SCI 極值的各種圖的界限和表徵。透過比較積和和連通性指標[35~37]，發現這

些具有非常相似的相關性質。

5.3.2　度相關度量的推廣

(1) 一般的數學公式

透過比較式(5-2)、式(5-5)、式(5-6)、式(5-9)～式(5-13)，觀察到所有的拓撲都具有形式：

$$TI = TI(G) = \sum_{u \sim v} F[d(u), d(v)]　\quad (5-14)$$

其中和取遍圖 G 的所有相鄰點對，並且 $F = F(x, y)$ 是一個適當選擇的函數。

特別地，對於 Randić 指標：

$$F(x, y) = \frac{1}{\sqrt{xy}}$$

對於第一 Zagreb 指標：

$$F(x, y) = x + y$$

對於第二 Zagreb 指標：

$$F(x, y) = xy$$

對於原子鍵連通性指標：

$$F(x, y) = \sqrt{\frac{x + y - 2}{xy}}$$

對於增廣的 Zagreb 指標：

$$F(x, y) = \left(\frac{xy}{x + y - 2} \right)^3$$

對於幾何算術指標：

$$F(x, y) = \frac{2\sqrt{xy}}{x + y}$$

對於諧波指標：

$$F(x, y) = \frac{2}{x + y}$$

對於和連通性指標：

$$F(x, y) = \frac{1}{\sqrt{x + y}}$$

三個多重 Zagreb 指標的對數可以以等式(5-14) 的形式呈現，即透過選擇：

對於第一多重 Zagreb 指標的對數

$$F(x,y)=2\left(\frac{\ln x}{x}+\frac{\ln y}{y}\right)$$

對於修正的第一多重 Zagreb 指標的對數

$$F(x,y)=\ln(x+y)$$

對於第二多重 Zagreb 指標的對數

$$F(x,y)=\ln x+\ln y$$

在這一點上，顯而易見的問題是是否有透過式 (5-14) 的其他函數 $F(x,y)$，可用於生成更進一步的基於節點度的拓撲指標。這個想法是由 Damir Vukičević[38~40] 提出的，他闡述了整個理論，稱之為「鍵累加建模」，並設計了一個所謂「亞得里亞海指標」的潛在無限類。此外，除了上面列出的函數 $F(x,y)$，Vukičević 也考慮了亞得里亞海指標基於

$$F(x,y)=\frac{x}{y}+\frac{y}{x}, F(x,y)=\frac{1}{|x-y|},$$

$$F(x,y)=\left|\sqrt{\ln x}-\sqrt{\ln y}\right|, F(x,y)=\left|\ln^{1/4}x-\ln^{1/4}y\right|$$

和一些其他的函數。

（2）概括和參數化

詳細考慮 Randić 指標的定義，方程 (5-2)，導出兩個觀察/問題。首先，式(5-2) 可以重寫為

$$R=R(G)=\sum_{u\sim v}\left[d(u)d(v)\right]^{\lambda}, 對於 \lambda=-\frac{1}{2} \tag{5-15}$$

大家可能會問是否這個特殊指標 λ 的選擇是必要的，如果選擇其他的 λ 值會發生什麼。

令 G 為一個圖，u、v 和 w 為形成一條長度為 2 的路的三個節點。換句話說，$u\sim v$ 和 $v\sim w$。然後將「二階連通性指標」定義為

$$^2R(G)=\sum_{uvw}\frac{1}{\sqrt{d(u)d(v)d(w)}}$$

其中的和取遍 G 中所有長為 2 的路。完全類比，三階、四階等連通性指標被定義為

$$^3R(G)=\sum_{uvwx}\frac{1}{\sqrt{d(u)d(v)d(w)d(x)}}$$

$$^4R(G)=\sum_{uvwxy}\frac{1}{\sqrt{d(u)d(v)d(w)d(x)d(y)}}$$

其中的和取遍了所有長為 3 的路 $uvwx$，所有長為 4 的路 $uvwxy$ 等。它是一致的去定義「零階連通性指標」

$$^0R(G) = \sum_v \frac{1}{\sqrt{d(v)}}$$

如果方程（5-15）中的指標 λ 被選擇為不同於 -0.5，那麼將得到無限類這種形式的拓撲指標：

$$R_\lambda(G) = \sum_{u \sim v} [d(u)d(v)]^\lambda$$

類似於廣義 Randić 指標概念，「變量的第一和第二 Zagreb 指標」被定義為

$$^\lambda M_1(G) = \sum_v d(v)^{2\lambda} \text{ 和} ^\lambda M_2(G) = \sum_{u \sim v} [d(u)d(v)]^\lambda$$

用同樣的想法，透過在等式的右邊插入一個變量指標：

$$SCI_\lambda(G) = \sum_{u \sim v} [d(u) + d(v)]^\lambda$$

周波教授和 Trinajstić[41] 介紹了「廣義的和連通性指標」，並且最終由同一作者和其他人闡述[42~45]。

這里提到的最後一個修改是所謂的「餘指標」。這些是形式為方程（5-14）的圖不變量，其中的求和不是取遍所有的相鄰點對，而是取遍所有的不相鄰點對。到目前為止，只有「Zagreb 指標」引起一些關注。

從前面各節所示的公式可以看出，對於 $\lambda = -0.5$，一般的 Randić 指標和一般的和連通性指標相等，分別是原始的 Randić 指標和原始的和連通性指標。對於 $\lambda = 1$，一般的 Randić 指標和一般的和連通性指標分別與第二和第一個 Zagreb 指標相符。另外，對於 $\lambda = -1$，一般的和連通性指標稱為諧波指標。

5.4 關於廣義 Randić 指標的給定度序列的極值樹

定義 5-1 對於樹 T，T 的度序列是按非葉子頂點度的降序排列的度的序列。

定義 5-2 稱給定度序列的一棵樹 T，如果對於 $\alpha > 0$，$R_\alpha(T)$ 最小，或者對於 $\alpha < 0$，$R_\alpha(T)$ 最大，則稱這棵樹是一棵極值樹。

定義 5-3 假設給定非葉子頂點的度數，貪婪樹是透過下面的貪婪算法實現的：

① 將最大度的頂點標記為 v（根）。

② 將 v 的鄰點標記為 v_1，v_2，…，安排給它們最大可用的度使得 $d(v_1) \geqslant d(v_2) \geqslant \cdots$

③ 將 v_1 除了 v 的鄰點標記為 v_{11}，v_{12}，…，使得它們得到最大可用

的度並且 $d(v_{11}) \geqslant d(v_{12}) \geqslant \cdots$ 然後對 v_2，v_3，…做同樣的過程。

④ 對所有新標記的頂點重複③，總是從鄰居還沒有被標記的具有最大度的已標記頂點的鄰居開始。

如圖 5-6 所示。

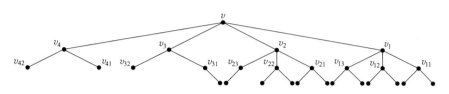

圖 5-6　度序列為 {4，4，4，3，3，3，3，3，3，3，2，2} 的貪婪樹

Delorme 等[46] 證明瞭在給定度序列的樹中，貪婪樹使得 $R_1(T)$ 最大。王華教授[47] 研究了關於廣義 Randić 指標的給定度序列的極值樹，並呈現了構造如此樹的一個算法，下面將闡述對於 $\alpha > 0$ 的極值樹及其構造算法，對於 $\alpha < 0$ 的情形是相似的。

考慮極值樹 T 中一條路 $v_0 v_1 v_2 \cdots v_t v_{t+1}$，其中 v_0 和 v_{t+1} 是葉子（見圖 5-7）。

圖 5-7　極值樹 T 中的一條路

引理 5-1　在一個極值樹中，對於 $i \leqslant (t+1)/2$，可以假設
$d(v_i) \geqslant d(v_{t+1-i}) \geqslant d(v_k)$ 對於 $i \leqslant k \leqslant t+1-i$，如果 i 是奇數；
$d(v_i) \leqslant d(v_{t+1-i}) \leqslant d(v_k)$ 對於 $i \leqslant k \leqslant t+1-i$，如果 i 是偶數。

讓 L_i 表示到最近葉子距離為 i 的頂點集合，特別地，L_0 表示所有葉子的集合。引理 5-1 暗示了以下較弱的聲明：

引理 5-2　在極值樹中，對 $i=0$，1，…，令 $v_i \in L_i$，然後對 $j > i \geqslant 1$，可以假設：$d(v_i) \geqslant d(v_j)$，如果 i 是奇數；$d(v_i) \leqslant d(v_j)$，如果 i 是偶數。

給定度序列 $\{d_1，d_2，\cdots，d_m\}$，透過下面的遞歸算法構造一個極值樹。

① 如果 $m-1 \leqslant d_m$，由引理 5-1，很容易得到唯一一個極值樹：

以 r 為根，有 d_m 個孩子，孩子的度分別為 d_1，d_2，$\cdots$，d_{m-1} 和 d_m-m+1 個「1」。

② 否則，$m-1 \geqslant d_m+1$。由引理 5-2，可以看到 L_1 中的頂點具有最大的度，它們與最小度的頂點（在 L_2 中）相鄰。首先構造包含 L_0、L_1、L_2 中頂點的子樹。注意，由於引理 5-1，無論何時都可以讓較大度的頂點與較小度的頂點相鄰。於是，可以獲得下面的子樹 T_1：

以 r 為根，有 d_m-1 個孩子，孩子的度分別為 d_1，d_2，$\cdots$，d_{d_m-1}，其中在 T 中，$r \in L_2$ 並且其度為 d_m，r 的孩子來自於 L_1。

注意，從 T 中刪除 T_1（除了根），會產生一個具有度序列 $\{d_{d_m}, \cdots, d_{m-1}\}$ 的新樹 S，其中引理 5-1 和引理 5-2 仍成立。因此，對於新的度序列，S 是一個極值樹。

③ 現在唯一的問題是在哪里把 T_1 和 S 結合起來（透過等同 T_1 的根和 S 的一個葉子）。令 T_1 的根為 r，並且在 T_1 中的度為 $d(r)$，令 T 是透過等同 r 和 S 的一個葉子 v' 得到的，令 v 是 v' 在 S 中具有度數為 $d(v)$ 的唯一鄰點。因此，為了獲得極值樹 T，需要去最小化 $R_a(T)=d(v)^a(d(r)+1)^a+C$ 的值，其中 C 是一個常數，不依賴於我們如何將 T_1 和 S 結合起來。因此，令 v 是 S 中一個頂點，使得：$v \in L_1$，$d(v)=\min\{d(u), u \in L_1\}$。令 v' 是 S 的葉子中 v 的一個鄰點，等同 T_1 的根和 v'。

例如，考慮這個度序列 $\{8, 7, 6, 6, 5, 5, 3, 3, 3, 2\}$，首先，由②得到子樹 T_1 和新的度序列 $\{7, 6, 6, 5, 5, 3, 3, 3\}$。然後，為了找到關於這個新的度序列的極值樹，由②得到子樹 T_2，相似地得到 T_3。剩下的度序列 $\{5, 3\}$ 滿足①，生成這個極值樹 S（圖 5-8，根用實點表示）。將 T_3 和 S 結合起來（根據③），生成一個具有度序列 $\{6, 5, 5, 3, 3\}$ 的極值樹，然後將 T_2 和這個新樹結合起來（根據③），生成一個具有度序列 $\{7, 6, 6, 5, 5, 3, 3, 3\}$ 的極值樹，得到一個新的 S（圖 5-9）。

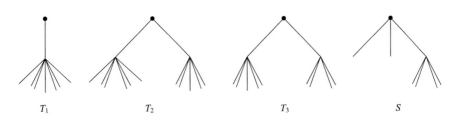

圖 5-8　子樹的構造

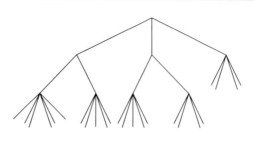

圖 5-9　將子樹與 S 結合

最後，在新的 S（圖 5-9）中找到具有最小度鄰居（其中一個頂點是 v）的葉子，將 T_1 和 S 按照上面③描述的結合起來，得到極值樹 T。然而，極值樹不一定是唯一的，圖 5-10 中的兩個圖都是透過上述算法實現的。

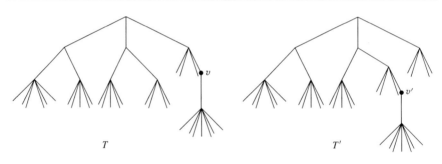

圖 5-10　具有相同度序列的兩個極值樹 T 和 T'

參考文獻

[1]　Newman M E J. The Structure and Function of Complex Networks [J]. SIAM Review, 2003, 45（2）: 167-256.

[2]　史定華. 網路度分布理論[M]. 北京: 高等教育出版社, 2001.

[3]　Stumpf M P H, Wiuf C, May R M. Subnets of Scale-Free Networks are Not Scale-Free: Sampling Properties of Networks[J]. Proceedings of the National Academy of Sciences of the United States of America,

2005, 102（12）：4221-4224.

[4]　Cooper J N, Lu L. Where Do Power Laws Come from? [J]. Mathematics, 2007.

[5]　Gutman I, Trinajstić N. Graph Theory and Molecular Orbitals. Total φ-Electron Energy of Alternant Hydrocarbons [J]. Chemical Physics Letters, 1972, 17（4）：535-538.

[6]　Gutman I, Ruš čić B, Trinajstić N, Wilcox C F. Graph Theory and Molecular Orbitals. XII. Acyclic Polyenes[J]. The Journal of Chemical Physics, 1975, 62（9）：3399-3405.

[7]　Randić M. Characterization of Molecular Branching[J]. Journal of the American Chemical Society, 1975, 97（23）：6609-6615.

[8]　Gutman I, Araujo O, Rada J. An Identity for Randic's Connectivity Index and Its Applications[J]. Acta Chimica Hungarica-Models in Chemistry, 2000, 137（5-6）：653-658.

[9]　Caporossi G, Gutman I, Hansen P, Pavlović L. Graphs with Maximum Connectivity Index[J]. Computational Biology and Chemistry, 2003, 27（1）：85-90.

[10]　Bollobás B, Erdös P. Graphs of Extremal Weights[J]. Ars Combinatoria, 1998, 50：225-233.

[11]　Li Xueliang, Shi Yongtang. A Survey on the Randic Index[J]. MATCH Communications in Mathematical and in Computer Chemistry, 2008, 59（1）：127-156.

[12]　Li Xueliang, Gutman I, Randić M. Mathematical Aspects of Randić-Type Molecular Structure Descriptors[M]. Kragujevac: University of Kragujevac, 2006.

[13]　Doš lić T, Furtula B, Graovac A, Gutman I, Moradi S, Yarahmadi Z. On Vertex-Degree-Based Molecular Structure Descriptors[J]. MATCH Communications in Mathematical and in Computer Chemistry, 2011, 66（2）：613-626.

[14]　Došlić T, Réti T, Vukičević D. On the Vertex Degree Indices of Connected Graphs[J]. Chemical Physics Letters, 2011, 512（4）：283-286.

[15]　Hansen P, Vukičević D. Comparing the Zagreb Indices [J]. Croatica Chemica Acta, 2007, 80（2）：165-168.

[16]　Narumi H and Katayama M. Simple Topological Index: a Newly Devised Index Characterizing the Topological Nature of Structural Isomers of Saturated Hydrocarbons[J]. Memoirs of the Faculty of Engineering, Hokkaido University, 1984, 16（3），209-214 .

[17]　Todeschini R, Consonni V. New Local Vertex Invariants and Molecular Descriptors Based on Functions of the Vertex Degrees[J]. MATCH Communications in Mathematical and in Computer Chemistry, 2010, 64（2）：359-372.

[18]　Gutman I, Ghorbani M. Some Properties of the Narumi-Katayama Index[J]. Applied Mathematics Letters, 2012, 25（10）：1435-1438.

[19]　Klein D J, Rosenfeld V R. The Degree-Product Index of Narumi and Katayama[J]. MATCH Communications in Mathematical and in Computer Chemistry, 2010, 64：607-618.

[20]　Eliasi M, Iranmanesh A, Gutman I. Multiplicative Versions of First Zagreb Index[J]. MATCH Communications in Mathematical and in Computer Chemistry, 2012, 68（1）：217.

[21]　Estrada E, Torres L, Rodriguez L, et al. An Atom-Bond Connectivity Index: Modelling the Enthalpy of Formation of Alkanes[J]. Indian Journal of Chemistry, 1998, 37A: 849-855.

[22] Furtula B, Graovac A, Vukičević D. Atom-Bond Connectivity Index of Trees [J]. Discrete Applied Mathematics, 2009, 157 (13): 2828-2835.

[23] Gutman I, Tošović J. Testing the Quality of Molecular Structure Descriptors. Vertex-Degree-Based Topological Indices[J]. Journal of the Serbian Chemical Society, 2013, 78 (6): 805-810.

[24] Vukičević D, Furtula B. Topological Index Based on the Ratios of Geometrical and Arithmetical Means of End-Vertex Degrees of Edges[J]. Journal of Mathematical Chemistry, 2009, 46 (4): 1369-1376.

[25] Fajtlowicz S. On Conjectures of Graffiti-II [J]. Congressus Numerantium, 1987, 60: 187-197.

[26] Zhong Lingping. The Harmonic Index for Graphs [J]. Applied Mathematics Letters, 2012, 25 (3): 561-566.

[27] Zhou Bo, Trinajstić N. On a Novel Connectivity Index[J]. Journal of Mathematical Chemistry, 2009, 46 (4): 1252-1270.

[28] Du Zhibin, Zhou Bo, Trinajstić N. Minimum Sum-Connectivity Indices of Trees and Unicyclic Graphs of a Given Matching Number [J]. Journal of Mathematical Chemistry, 2010, 47 (2): 842-855.

[29] Xing Rundan, Zhou Bo, Trinajstić N. Sum-Connectivity Index of Molecular Trees [J]. Journal of Mathematical Chemistry, 2010, 48 (3): 583-591.

[30] Ma Feiying, Deng Hanyuan. On the Sum-Connectivity Index of Cacti[J]. Mathematical and Computer Modelling, 2011, 54 (1): 497-507.

[31] Wang Shilin, Zhou Bo, Trinajstić N. On the Sum-Connectivity Index[J]. Filomat, 2011, 25 (3): 29-42.

[32] Du Zhibin, Zhou Bo. On Sum-Connectivity Index of Bicyclic Graphs[J]. Bulletin of the Malaysian Mathematical Sciences Society, 2012, 35 (1): 101-117.

[33] Horoldagva B, Gutman I. On some Vertex-Degree-Based Graph Invariants[J]. MATCH Communications in Mathematical and in Computer Chemistry, 2011, 65: 723-730.

[34] Furtula B, Gutman I, Dehmer M. On Structure-Sensitivity of Degree-Based Topological Indices[J]. Applied Mathematics and Computation, 2013, 219 (17): 8973-8978.

[35] Lučić B, Trinajstić N, Zhou Bo. Comparison between the Sum-Connectivity Index and Product-Connectivity Index for Benzenoid Hydrocarbons[J]. Chemical Physics Letters, 2009, 475 (1): 146-148.

[36] Vukičević D, Trinajstić N. Bond-Additive Modeling 3. Comparison between the Product-Connectivity Index and Sum-Connectivity Index [J]. Croatica Chemica Acta, 2010, 83 (3): 349-351.

[37] Vukičević D, Gašperov M. Bond Additive Modeling 1. Adriatic Indices[J]. Croatica Chemica Acta, 2010, 83 (3): 243-260.

[38] Vukičević D. Bond Additive Modeling 2. Mathematical Properties of Max-Min Rodeg Index[J]. Croatica Chemica Acta, 2010, 83 (3): 261-273.

[39] Vukičević D. Bond Additive Modeling 5. Mathematical Properties of the Variable Sum Exdeg Index[J]. Croatica Chemica Acta, 2011, 84 (1): 93-101.

[40] Vukičević D, Đurđević J. Bond Additive Modeling 10. Upper and Lower Bounds of Bond Incident Degree Indices of Catacondensed Fluoranthenes [J]. Chemical Physics Letters, 2011, 515 (1): 186-189.

[41] Zhou Bo, Trinajstić N. On General Sum-

Connectivity Index [J]. Journal of Mathe-matical Chemistry, 2010, 47 (1): 210-218.

[42] Du Zhibin, Zhou Bo, Trinajstić N. Minimum General Sum-Connectivity Index of Unicy-clic Graphs [J]. Journal of Mathematical Chemistry, 2010, 48 (3): 697-703.

[43] Chen Shubo, Xia Fangli, Yang Jianguang. On General Sum-Connectivity Index of Benzenoid Systems and Phenylenes [J]. Iranian Journal of Mathematical Chemis-try, 2010, 1 (2): 97-104.

[44] Du Zhibin, Zhou Bo, Trinajstić N. On the General Sum-Connectivity Index of Trees [J]. Applied Mathematics Letters, 2011, 24 (3): 402-405.

[45] Tomescu I, Kanwal S. Ordering Trees Having Small General Sum-Connectivity Index [J]. MATCH Communications in Mathematical and in Computer Chemis-try, 2013, 69 (3): 535-548.

[46] Delorme C, Favaron O, Rautenbach D. Closed Formulas for the Numbers of Small Independent Sets and Matchings and an Extremal Problem for Trees [J]. Discrete Applied Mathematics, 2003, 130 (3): 503-512.

[47] Wang Hua. Extremal Trees with Given De-gree Sequence for the Randić Index [J]. Discrete Mathematics, 2008, 308 (15): 3407-3411.

第6章

網絡熵

早在 20 世紀 40 年代，香農就提出了熵的概念來解決對資訊的量化度量問題，自此熵得到了廣泛的應用。60 年代，學者們引進網路熵來衡量網路和圖的性質，近年來網路熵得到了很好的發展和應用，本章將簡要介紹網路熵的相關內容。

6.1 網路熵簡介

近年來，複雜網路的拓撲結構已經成為越來越多的關注對象，網路拓撲的知識對於理解整個網路的結構、功能和演化以及它的構造組成是至關重要的。它可以用於許多實際的問題研究，包括對網路脆弱性的研究，對給定網路中的子群之間函數關係的識別，以及查找隱藏的群活動。現實世界的網路通常非常大，因此，複雜網路中的社團檢測需要非常大的計算量，是很困難的問題，特別是需要一個很好的準確度的時候。許多方法已經被提出來去解決這個問題（例如文獻 [1～7] 和其中的參考文獻），然而，模組化的特性還沒有得到充分的研究，基於其優化聚類方法的解決在本質上是受限於網路中邊的數目的。社團檢測解決方法局限性的存在意味著不可能預先判斷一個模組是否包含子結構（即是否可以在它內部提煉出較小的集群）。這是特別重要的，如果該網路有一個自相似的特點（例如，一個無標度網路），在這種情況下，單個分區不能完全描述該結構；而樹狀的分割會深入到不同層次的結構中，是更加合適的。研究複雜網路的另一個重要課題是整個網路結構和它的一個代表性部分（一組隨機選擇的節點）之間相關性存在的機率。因此，完全有必要開發一種方法，從可利用的不完整的資訊中來描述整個網路，這將是分析網路的脆弱性、拓撲性和演化性的一個很有用的工具。其中一種方法與熵的概念有關。

在離散數學、電腦科學、資訊理論、統計學、化學、生物學等不同領域中存在著各種各樣的問題，涉及研究關係結構的熵，因此會發現各種不同的「網路熵」的定義。例如，網路熵在數學化學中被廣泛用於描述基於分子網路系統的結構。在這些應用中，圖熵作為一種複雜性度量，用來解釋相應的結構資訊。這樣的度量與在一個有限圖上定義的等價關係相關。由等價關係導出的劃分允許定義一個機率分布[1～4]，用具有機率分布的香農熵公式[5]，可以得到一個數值，這個數值可以描述由等價關係所俘獲的結構特徵的一個指數。特別是，用 X 表示一個圖不變量，α 表示把 X 劃分成基數為 $|X_i|$ 的 k 個子集的一個等價關係，一個度量 $\overline{I}$

$(G，\alpha)$ 可以定義如下：

$$I(G,\alpha) = |X| \log_2(|X|) - \sum_{i=1}^{k} |X_i| \log_2(|X_i|) \tag{6-1}$$

$$\overline{I}(G,\alpha) = -\sum_{i=1}^{k} P_i \log_2(P_i) = -\sum_{i=1}^{k} \frac{|X_i|}{|X|} \log_2\left(\frac{|X_i|}{|X|}\right) \tag{6-2}$$

Rashevsky[3]、Trucco[4]、Mowshowitz[2,6~8] 等分別在不同領域提出了網路熵的定義並進行了研究。在這一開創性的工作之後，Körner[9] 引入了一種與資訊和編碼理論問題密切相關的不同的圖熵定義。而 Körner 熵的另一個定義第一次出現在文獻 [10] 中是基於所謂的穩定集問題，它與圖的最小熵著色密切相關[11,12]。Rashevsky[3] 和 Trucco[4] 引入了圖熵的概念來度量結構複雜性，一些圖不變量，例如頂點數、頂點度序列和擴展度序列（例如第二鄰域、第三鄰域等）等，已經被用於建立基於熵的度量。Rashevsky[3] 定義了這些圖熵的度量：

$$^{V}I(G)：= |V| \log_2(|V|) - \sum_{i=1}^{k} |N_i| \log_2(|N_i|) \tag{6-3}$$

$$^{V}\overline{I}(G)：= -\sum_{i=1}^{k} \frac{|N_i|}{|V|} \log_2\left(\frac{|N_i|}{|V|}\right) \tag{6-4}$$

注意，由式(6-4) 所表示的熵度量最初被稱為圖 G 的拓撲資訊內容。根據 Rashevsky[3]，$|N_i|$ 表示在 G 的第 i 個頂點軌道上的拓撲等價點的數目，k 是不同軌道的數目。兩個頂點被認為是拓撲等價的，如果它們屬於同一個軌道。透過將這個原理應用到邊自同構群中，Trucco[4] 引入了類似的熵度量：

$$^{E}I(G)：= |E| \log_2(|E|) - \sum_{i=1}^{k} |N_i^E| \log_2(|N_i^E|) \tag{6-5}$$

$$^{E}\overline{I}(G)：= -\sum_{i=1}^{k} \frac{|N_i^E|}{|E|} \log_2\left(\frac{|N_i^E|}{|E|}\right) \tag{6-6}$$

式中 $|N_i^E|$——第 i 個邊軌道中邊的數目。

事實上，香農在 20 世紀 40 年代末的開創性著作[5] 標誌著現代資訊理論的起點，香農的熵公式[5] 被用來確定一個網路的結構資訊內容[2~4,6~8]，後來在語言學和電氣工程的早期應用中，資訊理論廣泛應用於生物學和化學等，參見文獻 [3，13，14]。熵方法被用於探索生命系統，例如，用圖表示的生物和化學系統。這些應用與 Rashevsky[3] 和 Trucco[4] 的工作密切相關。

定義 6-1 令 $p = (p_1，p_2，\cdots，p_n)$ 是隨機向量，其中 $0 \leqslant p_i \leqslant 1$

和 $\sum_{i=1}^{n} p_i = 1$。基於 p 的香農熵定義為

$$I(p) = -\sum_{i=1}^{n} p_i \log_2 p_i \qquad (6\text{-}7)$$

為了定義資訊理論圖度量，經常會考慮非負整數 $\lambda_i \in N$ 的一個 n 元組 $(\lambda_1, \lambda_2, \cdots, \lambda_n)$。這個 n 元組形成一個機率分布 $p = (p_1, p_2, \cdots, p_n)$，其中 $p_i = \dfrac{\lambda_i}{\sum_{j=1}^{n} \lambda_j}$，$i = 1, 2, \cdots, n$。因此，基於 n 元組 $(\lambda_1, \lambda_2, \cdots, \lambda_n)$ 的熵由下式給出：

$$I(\lambda_1, \lambda_2, \cdots, \lambda_n) = -\sum_{i=1}^{n} p_i \log_2 p_i = \log_2 \left(\sum_{i=1}^{n} \lambda_i \right) - \sum_{i=1}^{n} \frac{\lambda_i}{\sum_{j=1}^{n} \lambda_j} \log_2 \lambda_i$$

$$(6\text{-}8)$$

在文獻中，存在獲得 n 元組 $(\lambda_1, \lambda_2, \cdots, \lambda_n)$ 的各種方式，如 Bonchev 和 Trinajstić[15] 介紹的所謂基於量級的資訊度量，或者由 Dehmer[16,17] 基於資訊函數介紹的獨立劃分圖熵。

下面的定義是由 Dehmer[16] 使用資訊函數得到的圖熵。

令 $G = (V, E)$ 是一個連通圖，對頂點 $v_i \in V$，記 $p(v_i) = \dfrac{f(v_i)}{\sum_{j=1}^{|V|} f(v_j)}$，其中 f 表示任意資訊函數。觀察到 $\sum_{i=1}^{|V|} p(v_i) = 1$。因此，可以解釋量 $p(v_i)$ 作為頂點機率。

定義 6-2 令 $G = (V, E)$ 是一個連通圖，f 是任意的資訊函數。圖 G 的熵定義為

$$I_f(G) = -\sum_{i=1}^{|V|} \frac{f(v_i)}{\sum_{j=1}^{|V|} f(v_j)} \log_2 \left(\frac{f(v_i)}{\sum_{j=1}^{|V|} f(v_j)} \right)$$

$$(6\text{-}9)$$

$$= \log_2 \left(\sum_{i=1}^{|V|} f(v_i) \right) - \sum_{i=1}^{|V|} \frac{f(v_i)}{\sum_{j=1}^{|V|} f(v_j)} \log_2 f(v_i)$$

關於網路熵的更多結果和進展，參考 Dehmer 和 Mowshowitz 的綜述文章[18] 以及陳增強教授、Dehmer 教授、李學良教授和史永堂教授等的編著[19]。

6.2 基於度的熵

度冪是重要的圖不變量，並且在圖論中得到了很好的研究。關於度

冪性質的更多結果，可以參考文獻 [20～26]，令 G 是具有度序列 d_1，d_2，…，d_n 的 n 階圖，圖 G 的度冪和定義為 $\sum_{i=1}^{n} d_i^k$，其中 k 是任意實數，這也被稱為零階廣義 Randić 指數[27～29]。觀察到如果 $k=1$，這個值恰好是邊數的 2 倍。作為一個圖變量，度冪和在圖論和極值圖論方面已經備受關注，它與著名的 Ramsey 問題[30] 有關。事實上，度冪和在資訊論、社會網路、網路可靠性和數學化學方面都有應用。在文獻 [31] 中，南開大學的史永堂教授與 Dehmer 教授等透過使用圖的度冪，研究了基於資訊函數的圖熵的新特性。

定義 6-3 令 $G=(V，E)$ 是 n 階連通圖。對點 $v_i \in V$ 和任意實數 k，定義資訊函數為 $f:=d_i^k$。可以得到這個特殊的熵：

$$I_f(G) = -\sum_{i=1}^{n} \frac{d_i^k}{\sum_{j=1}^{n} d_j^k} \log_2 \left(\frac{d_i^k}{\sum_{j=1}^{n} d_j^k} \right)$$

$$= \log_2 \left(\sum_{i=1}^{n} d_i^k \right) - \sum_{i=1}^{n} \frac{d_i^k}{\sum_{j=1}^{n} d_j^k} \log_2 d_i^k$$

式中　d_i——點 v_i 的度。

這個熵被提出之後，無論是在理論還是在應用方面都得到了廣泛的研究，關於該圖熵的更多結果，可參看文獻 [32～35]。

6.3 基於距離的熵

如文獻 [36] 所述，經典度量的一個限制是，結構非等價的圖可能有相同的資訊量。例如，兩個非同構的圖用式(6-2) 的度量可以具有相同的資訊量。在數學化學中，這個問題涉及到評估一個拓撲指數的退化程度。對於一個拓撲指數，如果它的多個結構具有相同的指數值，則這個指數被稱作是退化的，即該指數針對這個圖的複雜性度量是退化的。為了克服這一問題，Bonchev 和 Trinajstić[37] 將幾個結構圖的特徵考慮在內，例如距離和頂點度等，提出了一系列以加權機率分布為基礎的基於量級的圖熵度量。

距離是最重要的圖不變量之一，下面介紹幾個基於圖距離的圖熵。回想 G 的距離矩陣 $\mathbf{Dis}(G)=(\mathrm{dis}_{ij})$，其中 dis_{ij} 是點 v_i 和 v_j 之間的距離。Bonchev 和 Trinajstić[37] 得到

$$I_{\text{Dis}}(G) = |V|^2 \log_2(|V|^2) - |V| \log_2(|V|) - \sum_{i=1}^{\text{diam}(G)} 2k_i \log_2(2k_i)$$

$$\overline{I}_{\text{Dis}}(G) = -\frac{1}{|V|} \log_2\left(\frac{1}{|V|}\right) - \sum_{i=1}^{\text{diam}(G)} \frac{2k_i}{|V|^2} \log_2\left(\frac{2k_i}{|V|^2}\right)$$

式中　$2k_i$——數值 i 在距離矩陣 $\text{Dis}(G)$ 中出現的次數。

結果證明這些度量比在數學化學中使用的其他經典拓撲指數更敏感，見文獻［37］，另一對圖熵被定義為[37]

$$I_{\text{Dis}}^W = W(G) \log_2[W(G)] - \sum_{i=1}^{\text{diam}(G)} ik_i \log_2(i)$$

$$\overline{I}_{\text{Dis}}^W = -\sum_{i=1}^{\text{diam}(G)} \frac{ik_i}{W(G)} \log_2\left[\frac{i}{W(G)}\right]$$

式中　$W(G)$——圖 G 的 Wiener 指數。

另一種基於距離的圖熵是由 Balaban 和 Balaban[38] 提出的。下面所示的定義是為了彌補這些對資訊度量可能會高度退化的事實，Balaban 等首先定義每個頂點 v_i 在距離量級上的平均資訊為

$$u(v_i) = -\sum_{j=1}^{\sigma(v_i)} \frac{jg_j}{\text{dis}(v_i)} \log_2\left[\frac{j}{\text{dis}(v_i)}\right]$$

更進一步

$$\text{dis}(v_i) = \sum_{j=1}^{|V|} d(v_i, v_j) = \sum_{j=1}^{\sigma(v_i)} jg_j$$

式中　g_j——到 v_i 距離為 j 的頂點個數；

　　$\sigma(v_i)$——v_i 的離心率。

另外，在距離量級上的局部資訊被定義為

$$w(v_i) = \text{dis}(v_i) \log_2[\text{dis}(v_i)] - u(v_i)$$

最終，應用 Randić 公式，可以得到

$$U_1(G) = \frac{|E|}{\mu + 1} \sum_{(v_i, v_j) \in E} [u(v_i)u(v_j)]^{-\frac{1}{2}}$$

$$U_2(G) = \frac{|E|}{\mu + 1} \sum_{(v_i, v_j) \in E} [w(v_i)w(v_j)]^{-\frac{1}{2}}$$

式中　μ——圈數，被定義為 $\mu := |E| + 1 - |V|$，見文獻［34］。

定義 6-4　圖 G 中一個頂點 v_i 的 j 球面被定義為下面集合：

$$S_j(v_i, G) := \{v \in V \mid d(v_i, v) = j, j \geqslant 1\}$$

記 $n_j(v_i) = |S_j(v_i, G)|$，其中 j 是滿足 $1 \leqslant j \leqslant \text{diam}(G)$ 的一個整數。

首先重申一下基於距離的資訊函數的定義。在文獻［16］中介紹了以下

資訊函數：$f(v_i) = \alpha^{\sum_{j=1}^{\text{diam}(G)} c_j |S_j(v_i, G)|}$，其中 c_j，$j = 1, 2, \cdots, \text{diam}(G)$

和 α 是任意的正實數。在文獻［37］中介紹了基於最短距離的資訊函數：$f(v_i) = \sum_{u \in V} d(v_i, u)$。另外，還有一些基於中間中心性的函數[39]。

在文獻［40］中，南開大學的陳增強教授、Dehmer 教授和史永堂教授等考慮了一個新的資訊函數，即到一個給定的頂點 v 距離為 k 的頂點的數目，記為 $n_k(v)$。在圖中對給定的頂點 v，到 v 距離為 1 的頂點的數目恰好是 v 的度，另一方面，距離為 3 的點對的數目，也與網路的聚類係數有關，也被稱為 Wiener 極性指數，這個概念是 1947 年 Wiener[41] 在研究分子網路時引入的。

定義 6-5　令 $G = (V, E)$ 是一個連通圖。對頂點 $v_i \in V$ 和 $1 \leqslant k \leqslant \text{diam}(G)$，定義資訊函數為

$$f(v_i) := n_k(v_i)$$

因此，由定義 6-5 和式(6-9)，得到這個特殊的圖熵為

$$I_k(G) := I_f(G) = -\sum_{i=1}^{n} \frac{n_k(v_i)}{\sum_{j=1}^{n} n_k(v_j)} \log_2 \left(\frac{n_k(v_i)}{\sum_{j=1}^{n} n_k(v_j)} \right)$$

$$= \log_2 \left(\sum_{i=1}^{n} n_k(v_i) \right) - \frac{1}{\sum_{j=1}^{n} n_k(v_j)} \sum_{i=1}^{n} n_k(v_i) \log_2 n_k(v_i)$$

$$(6\text{-}10)$$

如果圖 G 中兩個頂點之間的距離為 k，則這兩個頂點之間長為 k 的路即為測地路。令 p_k 表示圖 G 中長為 k 的測地路的數目。於是有 $\sum_{i=1}^{n} n_k(v_i) = 2p_k$，因為每條長為 k 的路在 $\sum_{i=1}^{n} n_k(v_i)$ 中被計數兩次，因此，等式(6-10) 可以被表示為

$$I_k(G) = \log_2(2p_k) - \frac{1}{2p_k} \sum_{i=1}^{n} n_k(v_i) \log_2 n_k(v_i)$$

在一個給定圖中計算長為 k 的路的數目的問題已經得到了包括 Erdös 和 Bollobás 在內著名學者的廣泛研究，詳見文獻［42～47］。因為尋找圖中最短路有好的算法，例如 Dijkstra 算法[48]，於是可以得到下面的結果。

性質 6-1　令 G 是一個 n 階圖，對給定的整數 k，可以在多項式時間內計算出 $I_k(G)$ 的值。

在文獻［40］中闡述了這個圖熵的一些性質，與其他的熵相似，確定 $I_k(G)$ 的極值並且描述相應的極圖是一個非常具有挑戰性的問題。

圖的離心率

令 $G = (V, E)$，對頂點 $v_i \in V$，定義 f 為 $f(v_i) := c_i \sigma(v_i)$，其中 $\sigma(v_i)$ 是點 v_i 的離心率，並且對任意的 $1 \leqslant i \leqslant n$，$c_i > 0$。從公式(6-10)，基於 f 的熵，表示為 $If_\sigma(G)$，定義如下：

$$If_\sigma(G) = \log_2\left(\sum_{i=1}^n c_i\sigma(v_i)\right) - \sum_{i=1}^n \frac{c_i\sigma(v_i)}{\sum_{j=1}^n c_j\sigma(v_j)}\log_2(c_i\sigma(v_i))$$

6.4　基於子圖結構的熵

目前所呈現的熵度量都是透過確定其全局資訊內容來描述圖 G 的內容。但是，在圖的局部特性或子結構上定義資訊度量也是很有用的。例如，可以對圖的每個頂點定義一個熵度量。這樣的度量可以被解釋為一種頂點複雜度，這里的複雜度取決於到圖中剩餘頂點的距離。Konstantinova 和 Paleev[49]，Raychaudhury 等[50] 和 Balaban 等[38] 引入並研究了這些度量，例如下面的熵度量：

$$H(v_i) = -\sum_{u\in V} \frac{d(v_i,u)}{\mathrm{dis}(v_i)}\log_2\frac{d(v_i,u)}{\mathrm{dis}(v_i)}$$

表示點 $v_i\in V$ 的資訊距離。對應地，G 的熵可以被表示為所有頂點資訊距離的和：$H = \sum_{v\in V} H(v_i)$。

6.5　基於特徵值的熵

Dehmer 等[51] 利用幾個圖矩陣特徵值的模提出了一個圖熵度量。他們證明瞭這一度量（在所有其他度量中）透過使用化學結構和詳盡的生成圖具有很高的識別力。在文獻 [52] 中，Dehmer 和 Mowshowitz 引入了一類新的度量，這類度量是從如 Rényi 的熵[53] 和 Daròczy 的熵[54] 定義的函數派生出來的。

定義 6-6　令 G 是一個 n 階圖，則有

① $I^1(G):=\sum_{i=1}^n \frac{f(v_i)}{\sum_{j=1}^n f(v_j)}\left(1 - \frac{f(v_i)}{\sum_{j=1}^n f(v_j)}\right)$；

② $I_\alpha^2(G):=\frac{1}{1-\alpha}\log_2\left(\sum_{i=1}^n \left(\frac{f(v_i)}{\sum_{j=1}^n f(v_j)}\right)^\alpha\right)$，$\alpha\neq 1$；

③ $I_\alpha^3(G):=\dfrac{\sum_{i=1}^n \left(\dfrac{f(v_i)}{\sum_{j=1}^n f(v_j)}\right)^\alpha - 1}{2^{1-\alpha}-1}$，$\alpha\neq 1$。

令 G 是一 n 階無向圖，A 是 G 的鄰接矩陣。λ_1，λ_2，$\cdots$，λ_n 是 G 的特徵值。如果 $f := |\lambda_i|$，那麼

$$p^f(v_i) = \frac{|\lambda_i|}{\sum_{j=1}^{n} |\lambda_i|}$$

因此，廣義圖熵可表示如下：

① $I^1(G): = \sum_{i=1}^{n} \frac{|\lambda_i|}{\sum_{j=1}^{n} |\lambda_j|}\left(1 - \frac{|\lambda_i|}{\sum_{j=1}^{n} |\lambda_j|}\right)$；

② $I_\alpha^2(G): = \frac{1}{1-\alpha}\log_2\left(\sum_{i=1}^{n}\left(\frac{|\lambda_i|}{\sum_{j=1}^{n} |\lambda_j|}\right)^\alpha\right)$，$\alpha \neq 1$；

③ $I_\alpha^3(G): = \dfrac{\sum_{i=1}^{n}\left(\dfrac{|\lambda_i|}{\sum_{j=1}^{n} |\lambda_j|}\right)^\alpha - 1}{2^{1-\alpha} - 1}$，$\alpha \neq 1$。

在文獻 [55] 中，Dehmer 等人研究了上述闡述的熵關於圖能量和譜矩的極值。用類似的方法，透過應用圖能量和其他拓撲指標，對廣義圖熵的一些極值性質進行了研究[56]。

6.6 加權網路的熵

為了研究社區經濟發展的個體之間社會關係結構的影響，Eagle 等[57] 發表在 Science 上的文章中提出了兩個新指標，即社會多樣性和空間多樣性，透過使用頂點的熵來捕捉每個個體在社交網路中溝通關係的社交和空間的多樣性。在文獻 [58] 中作者介紹了加權圖的圖熵概念，注意到 Dehmer 等[59] 已經解決了利用特殊資訊函數定義加權化學圖熵的問題。因此，在文獻 [58] 中，作者將文獻 [59] 的工作進行了大量的擴展。

定義 6-7 令 $G=(V,E,w)$ 是一個邊賦權圖，圖 G 的熵定義為

$$I(G,w) = -\sum_{uv \in E} \frac{w(uv)}{\sum_{uv \in E} w(uv)}\log_2 \frac{w(uv)}{\sum_{uv \in E} w(uv)}$$

式中　$w(uv)$──邊 uv 的權。

在這裡，我們使用 Bollobás 和 Erdős 定義的加權圖類，叫做廣義 Randić 指數。對邊 e 和任意實數 α，定義 $w(e)=[d(u)d(v)]^\alpha$。令 $I(G,\alpha)$ 是 $I(G,w)$ 基於上述闡述的權的熵，即

$$I(G,\alpha) = -\sum_{uv \in E} \frac{(d(u)d(v))^\alpha}{\sum_{uv \in E}(d(u)d(v))^\alpha}\log_2\left(\frac{(d(u)d(v))^\alpha}{\sum_{uv \in E}(d(u)d(v))^\alpha}\right)$$

上述的等式也可以被表達為

$$I(G,\alpha) = \log_2(R_\alpha(G)) - \frac{\alpha}{R_\alpha(G)} \sum_{uv \in E} (d(u)d(v))^\alpha \log_2(d(u)d(v))$$

在文獻［58］中，作者研究了這個熵的極值，並且檢驗了這個熵的極值性質。

6.7 隨機圖的馮·諾依曼熵

定義 6-8 令 G 是簡單無向圖，G 的密度矩陣定義為

$$\rho_G := \frac{1}{d_G} L_1(G) = \frac{L_1(G)}{\mathrm{tr}(D(G))}$$

式中 d_G——G 的度和，即 $\sum_{v \in V(G)} d(v)$；

$L_1(G)$——G 的拉普拉斯矩陣；

$D(G)$——G 的度矩陣。

令 $\lambda_1 \geqslant \lambda_2 \geqslant \cdots \geqslant \lambda_n = 0$ 是 ρ_G 的特徵值，Braunstein 等[60] 引進了馮·諾依曼熵的定義。

定義 6-9 圖 G 的馮·諾依曼熵定義為

$$S(G) = -\sum_{i=1}^{n} \lambda_i \log_2 \lambda_i$$

為了方便性，令 $0\log_2 0 = 0$。

Rovelli 和 Vidotto[61] 證明瞭 $S(G)$ 在量子引力中扮演了一個角色，特別是在非相對論粒子與量子引力場的相互作用中。Severini 和 Passerini[62] 指出，對 n 個頂點的圖，$S(G) \leqslant \log_2(n-1)$，其中完全圖 K_n 可以達到這個上界。此外，在文獻［68］中也證明了當 n 趨向於無窮大時，正則圖的馮·諾依曼熵趨向於最大。Anand 和 Bianconi[63] 觀察到，一個規範冪律網路整體的平均馮·諾依曼熵與整體的香農熵是線性相關的。Du 等[64] 考慮了 Erdős-Rényi 隨機圖的馮·諾依曼熵。

令 $G_n(p)$ 表示點集為 $[n] = \{1, 2, \cdots, n\}$，任意兩個節點以機率 p 連線的所有圖的集合。用 $\|X\|$ 表示矩陣 X 的譜半徑，即 X 所有特徵值絕對值最大值。在文獻［66］中證明瞭以下定理。

定理 6-1 令 $G \in G_n(p)$ 是一個隨機圖，則獨立於 p，幾乎必然有

$$S(G) = [1+o(1)]\log_2 n$$

證明 隨機圖 G 的鄰接矩陣 $A := A(G) = (a_{ij})_{n \times n}$ 是一個隨機矩陣，其元素 a_{ij} 是獨立同分布的隨機變量，滿足期望為 p 和 $a_{ij} = 0$ $(i=j)$ 的

伯努利分布。令 $L_1:=L_1(G)$，$D:=D(G)$。定義下面的輔助矩陣：

$$\overline{L}_1 = L_1 - p(n-1)I_n + p(J_n - I_n)$$

式中　I_n──單位矩陣；

　　　J_n──全 1 矩陣。

很明顯，$\overline{L}_1 = [D - p(n-1)I_n] - [A - p(J_n - I_n)]$。

需要下面兩個引理。

引理 6-1　（Bryc 等[65]）令 $X = (x_{ij})_{n \times n}$ 是一個對稱的隨機矩陣，元素 $x_{ij}(1 \leq i < j)$ 是一組獨立同分布的隨機變量，滿足 $Ex_{12} = 0$，$\text{Var}(x_{12}) = 1$ 和 $Ex_{12}^4 < \infty$。令 $S := \text{diag}(\sum_{i \neq j} x_{ij})_{1 \leq i \leq n}$ 是一個對角矩陣和 $M = S - X$。於是幾乎必然有

$$\lim_{n \to \infty} \frac{\|M\|}{\sqrt{2n \log_2 n}} = 1$$

引理 6-2　（Weyl 不等式[66]）如果 X、Y 和 Z 是 $n \times n$ 的埃爾米特矩陣，並且 $X = Y + Z$，其中 X、Y、Z 的特徵值分別為，$\lambda_1(X) \geq \cdots \geq \lambda_n(X)$，$\lambda_1(Y) \geq \cdots \geq \lambda_n(Y)$，$\lambda_1(Z) \geq \cdots \geq \lambda_n(Z)$，則有下面的不等式：

$$\lambda_i(Y) + \lambda_n(Z) \leq \lambda_i(X) \leq \lambda_i(Y) + \lambda_1(Z)$$

很容易證明矩陣 $\overline{L}_1 / \sqrt{p(1-p)}$ 滿足引理 6-1 的條件，於是幾乎必然有

$$\lim_{n \to \infty} \frac{\|\overline{L}_1\|}{\sqrt{p(1-p)n}} = 0$$

這意味著幾乎必然有

$$\|\overline{L}_1\| = o(1)n \tag{6-11}$$

現在，令 $R := p(n-1)I_n - p(J_n - I_n)$。由引理 6-2，可以得到

$$\lambda_i(R) + \lambda_n(\overline{L}_1) \leq \lambda_i(L_1) \leq \lambda_i(R) + \lambda_1(\overline{L}_1)$$

因為式(6-11)，所以幾乎必然有 $\lambda_i(L_1) = \lambda_i(R) + o(1)n$。而且，很容易看出 R 的特徵值為：$pn^{(n-1)}$，$0^{(1)}$。因此，L_1 的特徵值為

對 $1 \leq i \leq n-1$，幾乎必然有 $\lambda_i(L_1) = [p + o(1)]n$；$\lambda_n(L_1) = o(1)n$。

現在考慮 $\rho_G = L_1 / \text{tr}(D)$ 的特徵值。注意到 $\text{tr}(D) = 2\sum_{i > j} a_{ij}$，$a_{ij}(i > j)$ 是期望為 p、方差為 $\sqrt{p(1-p)}$ 的獨立同分布序列。因此由強大數定律，以機率 1 滿足 $\lim_{n \to \infty}(\sum_{i > j} a_{ij}) / \frac{n(n-1)}{2} = p$。於是，幾乎必然有 $\sum_{i > j} a_{ij} = [p/2 + o(1)]n^2$。所以，幾乎必然有 $\text{tr}(D) = [p + o(1)]n^2$。然後，$\rho_G$ 的特徵值幾乎必然為：對 $1 \leq i \leq n-1$，$\lambda_i(\rho_G) =$

$$\frac{[p+o(1)]n}{[p+o(1)]n^2}=\frac{[1+o(1)]}{n}\;；\;\lambda_n(\rho_G)=o(1)/n。對幾乎每個圖 G\in G_n(p)，$$

$$S(\rho_G)=-\sum_{i=1}^{n}\lambda_i(\rho_G)\log_2\lambda_i(\rho_G)$$

$$=-\sum_{i=1}^{n-1}\frac{1+o(1)}{n}\log_2\frac{1+o(1)}{n}-\frac{o(1)}{n}\log_2\frac{o(1)}{n}$$

$$=-\frac{[1+o(1)](n-1)}{n}\log_2\frac{1+o(1)}{n}-\frac{o(1)}{n}\log_2\frac{o(1)}{n}$$

$$=[1+o(1)]\log_2 n$$

證畢。

參考文獻

[1]　Bonchev D. Information Theoretic Indices for Characterization of Chemical Structures[M]. Chichester: Wiley, 1983.

[2]　Mowshowitz A. Entropy and the Complexity of Graphs: I. an Index of the Relative Complexity of a Graph[J]. Bulletin of Mathematical Biology, 1968, 30 (1): 175-204.

[3]　Rashevsky N. Life Information Theory and Topology[J]. Bulletin of Mathematical Biology, 1955, 17 (3): 229-235.

[4]　Trucco E. A Note on the Information Content of Graphs[J]. Bulletin of Mathematical Biology, 1956, 18 (2): 129-135.

[5]　Shannon C E, Weaver W. The Mathematical Theory of Communication[M]. Urbana, IL: University of Illinois Press, 1949.

[6]　Mowshowitz A. Entropy and the Complexity of Graphs II: the Information Content of Digraphs and Infinite Graphs [J]. Bulletin of Mathematical Biology, 1968, 30 (2): 225-240.

[7]　Mowshowitz A. Entropy and the Complexity of Graphs III: Graphs with Prescribed Information Content[J]. Bulletin of Mathematical Biology, 1968, 30 (3): 387-414.

[8]　Mowshowitz A. Entropy and the Complexity of Graphs IV: Entropy Measures and Graphical Structure [J]. Bulletin of Mathematical Biology, 1968, 30 (4): 533-546.

[9]　Körner J. Coding of an Information Source Having Ambiguous Alphabet and the Entropy of Graphs [C]//Proc. 6th Prague Conf. Information Theory. Berlin: Walter de Gruyter, 1973: 411-425.

[10]　Csiszár I, Körner J, Lovász L, Marto K, Simonyi G. Entropy Splitting for Antiblocking Corners and Perfect Graphs[J]. Combinatorica, 1990, 10 (1): 27-40.

[11]　Simonyi G. Graph Entropy: A Survey [M]//Cook W, Lovász L, Seymour P. Combinatorial Optimization: Papers from the DIMACS Special Year. Wash-

ington: Amer Mathematical Society, 1995.

[12] Simonyi G. Perfect Graphs and Graph Entropy. An Updated Survey [M]// Ramirez-Alfonsin J, Reed B. Perfect Graphs. Chichester: Wiley, 2001.

[13] Morowitz H. Some Order-Disorder Considerations in Living Systems [J]. Bulletin of Mathematical Biology, 1955, 17 (2): 81-86.

[14] Quastler H. InformationTheory in Biology [M]. Urbana: University of Illinois Press, 1953.

[15] Bonchev D, Trinajstić N. Information Theory, Distance Matrix and Molecular Branching [J]. The Journal of Chemical Physics, 1977, 67 (10): 4517-4533.

[16] Dehmer M. Information Processing in Complex Networks: Graph Entropyand Information Functionals[J]. Applied Mathematics and Computation, 2008, 201: 82-94.

[17] Dehmer M, Kraus V. On Extremal Properties of Graph Entropies[J]. MATCH Communications in Mathematical and in Computer Chemistry, 2012, 68: 889-912.

[18] Dehmer M, Mowshowitz A. A History of Graph Entropy Measures [J]. Information Sciences, 2011, 181 (1), 57-78 .

[19] Dehmer M, Emmert-Streib F, Chen Zengqiang, Li Xueliang, Shi Yongtang. Mathematical Foundations and Applications of Graph Entropy. Weinheim: Wiley, 2016.

[20] Bollobás B, Nikiforov V. Degree Powers in Graphs: The Erdős-Stone Theorem[J]. Combinatorics, Probability and Computing, 2012, 21 (1-2): 89-105.

[21] Gu Ran, Li Xueliang, Shi Yongtang. Degree Powers in c_5-Free Graphs[J]. Bulletin of the Malaysian Mathematical Sciences Society, 2015, 38 (4): 1627-1635.

[22] Hu Yumei, Li Xueliang, Shi Yong-tang, Xu Tianyi. Connected (n, m)-Graphs with Minimumand Maximum Zeroth-Order General Randić Index[J]. Discrete Applied Mathematics, 2007, 155 (8): 1044-1054.

[23] Hu Yumei, Li Xueliang, Shi Yongtang, Xu Tianyi, Gutman I. On Molecular Graphs with Smallest and Greatest Zeroth-Order General Randić Index[J]. MATCH Communications in Mathematical and in Computer Chemistry, 2005, 54 (2): 425-434.

[24] Ji Shengjin, Li X Xueliang, Huo Bofeng. On Reformulated Zagreb Indices with Respect to Acyclic, Unicyclic and Bicyclic Graphs[J]. MATCH Communications in Mathematical and in Computer Chemistry, 2014, 72 (3): 723-732.

[25] Li Xueliang, Shi Yongtang. A Survey on the Randić. MATCH Communications in Mathematical and in Computer Chemistry, 2008, 59 (1): 127-156.

[26] Xu Kexiang, Das K C, Balachandran S. Maximizing the Zagreb Indices of (n, m)-Graphs[J]. MATCH Communications in Mathematical and in Computer Chemistry, 2014, 72: 641-654.

[27] Kier L B, Hall L H. Molecular Connectivity in Chemistry and Drug Research [M]. New York: Academic Press, 1976.

[28] Kier L B, Hall L H. Molecular Connectivity in Structure-Activity Analysis. New York: Wiley, 1986.

[29] Randić M. Characterization ofMolecular Branching[J]. Journal of the American Chemical Society, 1975, 97 (23): 6609-6615.

[30] Goodman A W. On Sets of Acquaintances and Strangers at Any Party[J]. The American Mathematical Monthly, 1959, 66 (9): 778-783.

[31] Cao Shujuan, Dehmer M, Shi. Extremality

of Degree-Based Graph Entropies[J]. Information Sciences, 2014, 278: 22-33.

[32] Cao Shujuan, Dehmer M. Degree-Based Entropies of Networks Revisited[J]. Applied Mathematics and Computation, 2015, 261: 141-147.

[33] Chen Zengqiang, Dehmer M, Shi Yongtang. Bounds for Degree-Based Network Entropies [J]. Applied Mathematics and Computation, 2015, 265: 983-993.

[34] Das K C, Shi Yongtang. Some Properties on Entropies of Graphs[J]. MATCH Communications in Mathematical and in Computer Chemistry, 2017, 78 (2): 259-272.

[35] Ilić A. On the Extremal Values of General Degree-Based Graph Entropies[J]. Information Sciences, 2016, 370: 424-427.

[36] Bonchev D G, Rouvray D H. Complexity: Introduction and Fundamentals [M]. London: Taylor and Francis, 2003.

[37] Bonchev D, Trinajstić N. Information Theory Distance Matrix and Molecular Branching[J]. The Journal of Chemical Physics, 1977, 67 (10): 4517-4533.

[38] Balaban A T, Balaban T S. New Vertex Invariants and Topological Indices of Chemical Graphs Based on Information on Distances[J]. Journal of Mathematical Chemistry, 1991, 8 (1): 383-397.

[39] Abramov O, Lokot T. Typology by Means of Language Networks: Applying Information Theoretic Measures to Morphological Derivation Networks[M]//Dehmer M, Emmert-Streib F, Mehler A. Towards an Information Theory of Complex Networks: Statistical Methods and Applications. Berlin: Springer, 2011.

[40] Chen Zengqiang, Dehmer M, Shi Yongtang. A Note on Distance-Based Graph Entropies[J]. Entropy, 2014, 16 (10): 5416-5427.

[41] Wiener H. Structural Determination of Paraffin Boiling Points[J]. Journal of the American Chemical Society, 1947, 69 (1): 17-20.

[42] Alon N. On the Number of Subgraphs of Prescribed Type of Graphs with a Given Number of Edges [J]. Israel Journal of Mathematics, 1981, 38 (1-2): 116-130.

[43] Alon N. On the Number of Certain Subgraphs Contained in Graphs with a Given Number of Edges[J]. Israel Journal of Mathematics, 1986, 53 (1): 97-120.

[44] Bollobás B, Erdős P. Graphs of Extremal Weights[J]. Ars Combinatoria, 1998, 50: 225-233.

[45] Bollobás B, Sarkar A. Paths in Graphs[J]. Studia Scientiarum Mathematicarum Hungarica, 2001, 38 (1-4): 115-137.

[46] Bollobás B, Sarkar A. Paths of Length Four[J]. Discrete Mathematics, 2003, 265 (1-3): 357-363.

[47] Bollobás B, Tyomkyn M. Walks and Paths in Trees[J]. Journal Graph Theory, 2012, 70 (1): 54-66.

[48] Bondy J A, Murty U S R. Graph Theory [M]. Berlin: Springer, 2008.

[49] Konstantinova E V, Paleev A A. Sensitivity of Topological Indices of Polycyclic Graphs [J]. Vychisl Sistemy, 1990, 136: 38-48 (in Russian).

[50] Raychaudhury C, Ray S K, Ghosh J J, Roy A B, Basak S C. Discrimination of Isomeric Structures Using Information Theoretic Topological Indices [J]. Journal of Computational Chemistry, 1984, 5: 581-588.

[51] Dehmer M, Sivakumar L, Varmuza K. Uniquely Discriminating Molecular Structures Using Novel Eigenvalue-Based Descriptors[J]. MATCH Communications in Mathematical and in Computer

Chemistry, 2012, 67 (1): 147-172.

[52] Dehmer M, Mowshowitz A. Generalized Graph Entropies[J]. Complexity, 2011, 17 (2): 45-50.

[53] Rényi P. On Measures of Information and Entropy: the 4th Berkeley Symposium on Mathematics, Statistics and Probability[R]. Berkeley: University of California, 1961: 547-561.

[54] Daróczy Z, Jarai A. On the Measurable Solutions of Functional Equation Arising in Information Theory[J]. Acta Mathematica Academiae Scientiarum Hungaricae, 1979, 34 (1-2): 105-116.

[55] Dehmer M, Li Xueliang, Shi Yongtang. Connections between Generalized Graph Entropies and Graph Energy[J]. Complexity, 2015, 21 (1): 35-41.

[56] Li Xueliang, Qin Zhongmei, Wei Meiqin, Gutman I, Dehmer M. Novel Inequalities for Generalized Graph Entropies Graph Energies and Topological Indices[J]. Applied Mathematics and Computation, 2015, 259: 470-479.

[57] Eagle N, Macy M, Claxton R. Network Diversity and Economic Development[J]. Science, 2010, 328 (5981): 1029-1031.

[58] Chen Zengqiang, Dehmer M, Emmert-Streib Fand, Shi Yongtang. Entropy of Weighted Graphs with Randić Weights[J]. Entropy, 2015, 17 (6): 3710-3723.

[59] Dehmer M, Barbarini N, Varmuza K, Graber A. Novel Topological Descriptors for Analyzing Biological Networks[J]. BMC Structural Biology, 2010, 10 (1): 18.

[60] Braunstein S, Ghosh S, Severini S. The Laplacian of aGraph as a Density Matrix: a Basic Combinatorial Approach to Separability of Mixed States[J]. Annals of Combinatorics, 2006, 10 (3): 291-317.

[61] Rovelli C, Vidotto F. Single Particle in Quantum Gravity and Braunstein-Ghosh-Severini Entropy of a Spin Network[J]. Physical Review D, 2010, 81 (4): 044038.

[62] Passerini F, Severini S. The Von Neumann Entropy of Networks[J]. International Journal of Agent Technologies and Systems, 2009, 1 (4): 58-67.

[63] Anand K, Bianconi G. Toward an Information Theory of Complex Networks[J]. Physical Review E, 2009, 80 (4): 045102.

[64] Du Wenxue, Li Xueliang, Li Yiyang. A Note on the Von Neumann Entropy of Random Graphs[J]. Linear Algebra and its Applications, 2010, 433 (11-12): 1722-1725.

[65] Bryc W, Dembo A, Jiang T, Spectral Measure of Large Random Hankel, Markov and Toeplitz Matrices[J]. Annals of Probability, 2006, 34 (1): 1-38.

[66] Weyl H. Das Asymptotische Verteilungsgesetz der Eigenwerte Linearer Partieller Differentialgleichungen[J]. Mathematische Annalen, 1912, 71 (4): 441-479.

第7章

譜度量

　　網路的特徵譜與網路的拓撲密切相關，透過研究特徵譜可以更好地瞭解網路的結構湧現和動力學特性。當前因特網和疾病傳播網等實際網路對人們日常生活的影響越來越大，促使人們來研究這些網路的組織原則、拓撲結構與動力學特性。目前，複雜網路性能指標的研究還主要集中在其度分布、聚集係數和平均最短路徑等的模擬與分析上，這些雖然重要但不能全面反映網路的結構。然而，網路的鄰接矩陣全面地刻畫了網路中節點之間的相連關係，因此網路鄰接矩陣的特徵譜可以比較全面地用來分析網路的拓撲結構和動力學特性，並有著很廣泛的應用。

7.1　網路的特徵值

　　網路的譜是對應於其鄰接矩陣 A 的特徵值 $\lambda_i (i=1, 2, \cdots, N)$ 的集合，設 $\lambda_1 \geqslant \lambda_2 \geqslant \cdots \geqslant \lambda_N$，稱 $\|A\| = \max_{1 \leqslant i \leqslant N} |\lambda_i|$ 為矩陣 A 的譜半徑。由於 A 是實對稱矩陣，所以網路的特徵值都是實數。網路的譜密度和 k 階矩被定義為[1,2]

$$\rho(\lambda) = \frac{1}{N} \sum_i \delta(\lambda - \lambda_i), M_k = \int_{-\infty}^{\infty} \lambda^k \rho(\lambda) \mathrm{d}\lambda \qquad (7\text{-}1)$$

式中　$\delta(x)$——狄拉克三角函數；

　　　　λ_i——圖的鄰接矩陣的第 i 個最大特徵值。

此外，由矩陣特徵值理論有

$$M_k = \frac{1}{N} \sum_{i_1, i_2, \cdots, i_k} a_{i_1 i_2} a_{i_2 i_3} \cdots a_{i_k i_1} = \frac{1}{N} \sum_i (\lambda_i)^k = \frac{1}{N} \mathrm{tr}(A^k) \quad (7\text{-}2)$$

　　網路的特徵值和相關的特徵向量與網路的直徑、週期數和連通性有關[1,2]。網路中的途徑是允許節點重合的路徑。如果一條途徑的長度為正，且起點和終點相同，則稱這條途徑是閉途徑。式(7-2)說明瞭 $D_k = NM_k$ 表示在網路中長為 k 的閉途徑的數目。在樹狀網路中，從任一節點出發只有經過偶數步才能返回同一節點，故樹狀網路譜密度的奇數階矩為 0。特別地，當 $k=3$ 時，因為每條途徑只能透過 3 條不同的邊返回到其起點（如果不允許自連通），並且每個三角形有 6 條閉途徑，所以 $D_3/6$ 就是網路中三角形的數目[2]。關於圖譜理論的更多細節，可以參看專著 [3]。

7.1.1　網路的譜密度分析

　　在這一節中，將分析 3 個著名的隨機網路：ER 模型、WS 模型和

BA 無標度網路模型，關於其定義和下面所用的符號參見第 1 章。

在 ER 隨機網路中，為了便於討論，假設連接機率 p 滿足 $pN^\alpha = c$，其中 c 為常數。當 $\alpha > 1$ 且 $N \to \infty$ 時，節點的平均度數

$$\langle k \rangle = (N-1)p \approx N \cdot p = cN^{1-\alpha} \to 0$$

由表 7-1 可知，譜密度的奇數階矩幾乎為 0，說明此網路具有樹狀結構。當 $\alpha = 1$ 且 $N \to \infty$ 時，節點的平均度數 $\langle k \rangle \approx pN = c$，譜密度如圖 7-1(a) 和圖 7-1(b) 所示。結合表 7-1 可知，當 $c \leqslant 1$ 時，網路仍基本為樹狀結構；而 $c > 1$ 時，譜密度的奇數階矩遠遠大於 0，說明網路的結構發生了顯著的變化，出現了環和分支。當 $0 \leqslant \alpha < 1$ 且 $N \to \infty$ 時，節點的平均度數 $\langle k \rangle \approx cN^{1-\alpha} \to +\infty$，由圖 7-1(b) 可知，網路的譜密度接近半圓形分布。

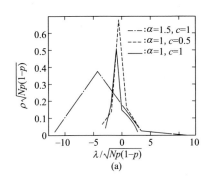
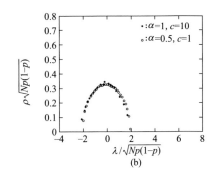

圖 7-1　ER 模型的譜密度（$N = 3000$）

表 7-1　ER 模型 $N = 3000$ 時譜密度的奇數階矩

奇數階矩	$\alpha = 1.5, c = 1$	$\alpha = 1, c = 0.5$	$\alpha = 1, c = 1$	$\alpha = 1, c = 10$	$\alpha = 0.5, c = 1$
NM_3	1.0658×10^{-14}	0.3473	0.8372	1.0385×10^3	1.6457×10^5
NM_5	1.7764×10^{-15}	2.8073	8.3594	1.6082×10^5	5.4033×10^8
NM_7	2.4869×10^{-14}	18.8182	70.1830	2.1142×10^7	1.6888×10^{12}
NM_9	0	121.3471	568.5380	2.6764×10^9	5.2635×10^{15}

WS 模型的譜密度如圖 7-2 所示。當 $p = 0$ 時，WS 模型是一個規則的圓環，由圖 7-2(a) 可知，譜密度的形狀非常不規則，由表 7-2 可知，此時它有很大的三階矩。當 $p = 0.01$ 時，由圖可知，譜密度的形狀變得比較光滑，說明雖然只有少量的隨機重邊，但網路的結構已經發生了改變，不再是規則的圓環。當 $p = 1$ 時，WS 模型已經是一個完全的隨機網路，只是此時節點的最小度數不是任意的，而是 $K/2$。由圖 7-2(b) 可知，隨著 $p \to 1$，譜密度逐漸趨向於半圓形分布，但由表 7-2 可知，只對較小的 p，仍然有大的三階矩。

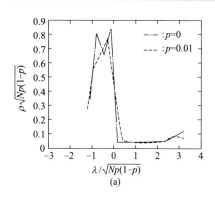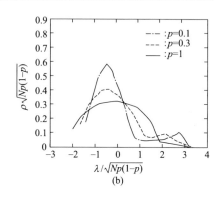

圖 7-2　WS 模型的譜密度（$N=1000$）

注：除 $p=0$ 的情況外，其他圖都是由 50 個不同的圖取平均得來的

表 7-2　WS 模型譜密度的各階矩

奇數階矩	$p=0$	$p=0.01$	$p=0.1$	$p=0.3$	$p=1$
NM_3	60000	58234	43776	21005	863.88
NM_5	5.1500×10^6	4.9551×10^6	3.4517×10^6	1.4375×10^6	1.1929×10^5
NM_7	4.4296×10^8	4.2063×10^8	2.6128×10^8	8.9478×10^7	1.3974×10^7
NM_9	3.9318×10^{10}	3.6835×10^{10}	2.0316×10^{10}	5.7777×10^9	1.5473×10^9

當 $K=N_0=1$ 時，BA 模型是一棵樹，因此它的譜密度一定是關於 0 對稱的。當 $K>1$ 時，如圖 7-3 所示，BA 模型譜密度的主體部分基本上是關於 0 對稱的，呈三角形[1]；而文獻 [2] 認為中部指數衰減，尾部是冪律分布的。從圖 7-3 還可以看出，譜密度在 0 點附近有最大值，說明存在大量的模較小的特徵值，文獻 [1] 和 [4] 解釋了這一現象的原因。

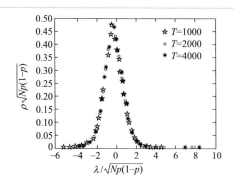

圖 7-3　BA 模型的譜密度

注：取 $K=N_0=1$，譜密度是由 50 個不同的圖取平均值得到的

　　綜上所述，3 個模型的譜密度各不相同，反映了每類網路的結構特徵。將實際網路的譜密度與這 3 個模型比較，如果形似或相同，便可以認為此網路具有與模型網路類似的結構，以便於做更進一步的研究。

7.1.2 特徵譜在網路的中心性和二分性中的應用

　　網路的中心性是刻畫網路局部結構的一個性質，它有許多不同的指標，例如，節點度中心性、介中心性、特徵向量中心性等[4]。在生物和技術等實際網路中，透過對其網路模體的數量研究，常常可以獲取許多重要資訊。利用式(7-2) 中網路的環狀子圖的個數與特徵譜的關係，Estrada 等[5] 定義了子圖中心性來度量網路的中心性。令 $\mu_k(i) = (A^k)_{ii}$ 表示節點 i 所在的長為 k 的閉途徑的數目，節點 i 的子圖中心性為：$C_S(i) = \sum_{k=0}^{\infty} \dfrac{\mu_k(i)}{k!}$ 。

　　定理 7-1[5]　　令 $G = (V, E)$ 是一個 N 階簡單圖，v_1，v_2，$\cdots$，v_N 是 λ_1，λ_2，$\cdots$，λ_N 所對應的特徵向量所構成的向量空間的一組標準正交基，而 v_j^i 表示 v_j 的第 i 個元素。對任意的 $i \in V$，節點 i 的子圖中心性可以表達為

$$C_S(i) = \sum_{j=1}^{N} (v_j^i)^2 e^{\lambda_j}$$

因此整個網路的子圖中心性可以被定義為

$$\langle C_S \rangle = \frac{1}{N} \sum_{i=1}^{N} C_S(i) = \frac{1}{N} \sum_{i=1}^{N} e^{\lambda_i}$$

可以看到 $\langle C_S \rangle$ 僅僅與網路鄰接矩陣的大小和特徵值有關。

　　網路的二分性是對網路與二分圖相似性的表示，它有很多應用，例如可以根據網路的二分性來研究疾病的傳播速度等。特徵譜為度量網路的二分性提供了一個簡單的工具。

　　子圖中心性 $\langle C_S \rangle$ 由兩部分組成，一部分是長度為偶數的閉途徑，另一部分是長度為奇數的閉途徑。

$$\langle C_S \rangle = \frac{1}{N} \sum_{j=1}^{N} [\cosh(\lambda_j) + \sinh(\lambda_j)] = \langle C_S \rangle_{even} + \langle C_S \rangle_{odd}$$

如果網路是二分圖，則 $\langle C_S \rangle_{odd} = 1/N \sum_{j=1}^{N} \sinh(\lambda_j) = 0$，因此，

$$\langle C_S \rangle = \langle C_S \rangle_{even} = \frac{1}{N} \sum_{j=1}^{N} \cosh(\lambda_j)$$

於是，長度為偶數的閉途徑所占的比例可用來度量網路的二分性，即

$$\beta(G) = \frac{\langle C_S \rangle_{\text{even}}}{\langle C_S \rangle} = \frac{\langle C_S \rangle_{\text{even}}}{\langle C_S \rangle_{\text{odd}} + \langle C_S \rangle_{\text{even}}} = \frac{\sum_{j=1}^{N} \cosh(\lambda_j)}{\sum_{j=1}^{N} e^{\lambda_j}}$$

顯然 $\beta(G) \leqslant 1$，並且 $\beta(G) = 1$ 當且僅當 G 是二分圖，也就是，$\langle C_S \rangle_{\text{odd}} = 0$。進一步，因為 $\langle C_S \rangle_{\text{odd}} \geqslant 0$，並且對任意的 λ_j，$\sinh(\lambda_j) \leqslant \cosh(\lambda_j)$，於是 $\frac{1}{2} < \beta(G) \leqslant 1$。

　　複雜網路的特徵譜作為一個比網路度分布、聚類係數、平均最短路徑更全面的度量正在逐漸引起人們的重視，它不僅可以用來分析網路的結構，而且可以更進一步地揭示網路中廣泛存在的標度特性，並且在網路的同步分析中起著很重要的作用。

7.2　分子網路的能量

　　圖論最顯著的化學應用之一是共軛烴類的圖特徵值與 π-電子的分子軌道能量級之間的密切對應關係。在化學上使用的分子運動所形成的熱能的模型類似於完全 π-電子能量的模型。虎克分子軌道（HMO）在運動熱能上有它獨特的作用，它可以看成分子間的連接，將分子看成一個點，相互間的作用看成連接點之間的邊，這樣就可以對應一個圖，計算分子的完全 π-電子能量可以簡化為計算對應的圖 G 的能量。Gutman[6] 首先定義了下面的圖能量。

　　定義 7-1　令 G 是任一 n 階圖，$\lambda_1, \lambda_2, \cdots, \lambda_n$ 是它的特徵值，則 G 的能量

$$E(G) = |\lambda_1| + |\lambda_2| + \cdots + |\lambda_n| = \sum_{i=1}^{n} |\lambda_i| \qquad (7-3)$$

　　在圖能量理論中，庫爾森積分公式起著重要的作用。Charles Coulson[7] 早在 1940 年就得到了這個公式：

$$E(G) = \frac{1}{\pi} \int_{-\infty}^{+\infty} \left[n - \frac{ix\phi'(G,ix)}{\phi(G,ix)} \right] dx = \frac{1}{\pi} \int_{-\infty}^{+\infty} \left[n - x\frac{d}{dx}\ln\phi(G,ix) \right] dx$$

$$(7-4)$$

式中　$\phi(G,x)$——G 的特徵多項式；

　　　　$\phi'(G,x)$——$\phi(G,x)$ 的一階導數。

關於這個重要等式(7-4) 的更多細節，參看文獻［7，8］。

在圖能量上有兩類重要的數學問題：一類是找到給定圖類能量的上界和下界；另一類是確定一個給定圖類能量的極值，並且闡述相應的極圖。圖能量極值問題研究中最常用的方法為擬序比較法，如下幾個經典的結果都源自擬序比較法的應用。

定理 7-2[9]　　任意具有 m 條邊的圖 G，其能量一定滿足 $2\sqrt{m}\leqslant E(G)\leqslant 2m$。

定理 7-3[9]　　任意具有 n 個頂點、m 條邊的圖 G，其能量一定滿足 $E(G)\leqslant\sqrt{2mn}$。

定理 7-4[10~12]　　任意具有 n 個頂點、m 條邊的圖 G，如果 $2m\geqslant n$，那麼

$$E(G)\leqslant\frac{2m}{n}+\sqrt{(n-1)\left[2m-\left(\frac{2m}{n}\right)^2\right]}$$

另外，如果 G 是二部圖，那麼

$$E(G)\leqslant\frac{4m}{n}+\sqrt{(n-2)\left[2m-2\left(\frac{2m}{n}\right)^2\right]}$$

定理 7-5[12]　　令 G 是具有 $n\geqslant2$ 個頂點的二部圖，那麼其能量滿足：

$$E(G)\leqslant\frac{n}{\sqrt{8}}(\sqrt{n}+\sqrt{2})$$

定理 7-6[13]　　給定 n 個點的樹中，最大能量圖為路圖 P_n，最小能量圖為星圖 $K_{1,n-1}$（見圖 7-4）。

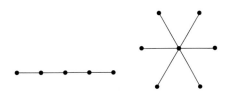

圖 7-4　路圖和星圖

定理 7-7[14,15]　　在所有單圈圖中，S_n^3 是具有能量最小的圖。其中，S_n^3 是在 n 個點的星圖上加一條邊所形成的圖，如圖 7-5 所示。

火博豐教授、李學良教授和史永堂教授等人藉助庫爾森積分公式提出了圖能量比較的新方法，用這一方法解決了

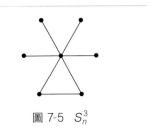

圖 7-5　S_n^3

一系列用擬序比較不能解決的問題。例如，雙圈二部圖的極大能量的確定等[16]，完全解決了加拿大皇家學會院士 Hansen 等提出的猜想。Wagner[17] 證明瞭在所有圈數為 k 的圖集中圖能量的最大值至多是 $4n/\pi + c_k$，其中 c_k 是只依賴於 k 的某個常數。關於圖能量的更多結果，參看兩篇綜述 [6, 18] 以及李學良教授、史永堂教授和 Gutman 教授的專著 [8]。

定義 7-2 如果 G 是具有 n 個頂點的 k 正則圖，並且每對相鄰頂點有 a 個共同鄰點，每對不相鄰頂點有 c 個共同鄰點，那麼稱圖 G 是具有參數 (n,k,a,c) 的強正則圖。

在一些文章中，經常可以看到一些關於能量比較的問題。思考如下問題：在所有 n 個頂點的圖中，是否邊數越多能量越大？

看如圖 7-6 及其對應的能量。

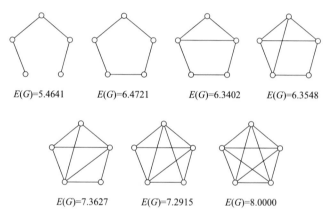

$E(G)=5.4641$　　$E(G)=6.4721$　　$E(G)=6.3402$　　$E(G)=6.3548$

$E(G)=7.3627$　　$E(G)=7.2915$　　$E(G)=8.0000$

圖 7-6　5 個頂點的圖所對應的能量

從圖能量的變化情況可知其能量並不是隨邊數的增加而增加，而是有時候變大有時候變小。

文獻 [6] 中，Gutman 曾給出這樣一個猜想：在給定頂點數的所有圖中，完全圖的能量最大，其能量為 $2(n-1)$，但是最近給出了一族超能圖，其能量大於完全圖的能量，即存在 $E(G)>2(n-1)$ 的圖。文獻 [19] 中研究了頂點數為 n、邊數 $m \geqslant \dfrac{n}{2}$ 的圖的能量情況，當邊數 $m = \dfrac{n^2 + n\sqrt{n}}{4}$ 時，有最大能量圖：參數為 $\left(n, \dfrac{n+\sqrt{n}}{2}, \dfrac{n+2\sqrt{n}}{4}, \dfrac{n+2\sqrt{n}}{4} \right)$ 的強正則圖，其能量為

$$E(G) = \frac{n}{2}(1+\sqrt{n}) > 2(n-1)(n \geqslant 1)$$

所以為超能圖。我們知道完全圖的邊數為 $\dfrac{n(n-1)}{2} > \dfrac{n^2+n\sqrt{n}}{4}$，$n > 4$，此時，要使 $\dfrac{n+\sqrt{n}}{2}$、$\dfrac{n+2\sqrt{n}}{4}$ 都為整數，對 m、n 的值都有限制，當 n 為偶平方數時，這樣的圖存在。

現在，除鄰接矩陣外，還研究了許多其他種類的圖矩陣和它們的譜，例如關聯矩陣、（無符號）拉普拉斯矩陣、距離矩陣等。因此，多種圖能量被引入和研究，包括匹配能量[20]、矩陣能量[21]、拉普拉斯能量[22]、Randić 能量[23]、關聯能量[24]、距離能量[25]、斜能量[26]、分解能量[26]等。更多的細節，可以參閱 Gutman 和 Li 的專著[27]。

7.3 隨機圖的譜

在這一節中，主要考慮 n 個頂點的隨機圖，其中每條邊都獨立地以 $1/2$ 的機率被選擇。Spielman[28] 證明瞭這類圖的特徵值是緊密集中的。

令 $G \in G_n(1/2)$ 和 $\boldsymbol{A} = \boldsymbol{A}(G) = (a_{ij})_{n \times n}$，我們知道元素 $a_{ij}\,(i \neq j)$ 獨立地以 $1/2$ 的機率取值為 0，以 $1/2$ 的機率取值為 1，也即 $\boldsymbol{A}$ 的每個非對角元的期望為 $1/2$。令 M 為這個期望矩陣，則 $\boldsymbol{M} = \dfrac{1}{2}\boldsymbol{A}(\boldsymbol{K}_n) = \dfrac{1}{2}(\boldsymbol{J}_n - \boldsymbol{I}_n)$。因此 $\boldsymbol{M}$ 的特徵值為：$(n-1)/2$，$-1/2^{(n-1)}$。因為 $\boldsymbol{A} - \boldsymbol{M}$ 是一個對稱矩陣，所以有

$$\|\boldsymbol{A} - \boldsymbol{M}\| = \max_{1 \leqslant i \leqslant n} |\lambda_i(\boldsymbol{A} - \boldsymbol{M})| = \max_x \left| \frac{x^{\mathrm{T}} \boldsymbol{A} x}{x^{\mathrm{T}} x} \right|$$

令 $\boldsymbol{R} = \boldsymbol{A} - \boldsymbol{M}$，元素 $r_{ij}\,(i \neq j)$ 獨立地以 $1/2$ 的機率取值為 $1/2$，以 $1/2$ 的機率取值為 $-1/2$。

引理 7-1　對任意的單位向量 x，有

$$\Pr[\,|x^{\mathrm{T}} \boldsymbol{R} x| \geqslant t\,] \leqslant 2\mathrm{e}^{-t^2}$$

引理 7-2　令 v 是任一單位向量，x 是一隨機單位向量，則

$$\Pr[v^{\mathrm{T}} x \geqslant \sqrt{3}/2] \geqslant \frac{1}{\sqrt{\pi n\, 2^{n-1}}}$$

引理 7-3　令 Q 是一對稱矩陣，v 是 Q 的具有最大絕對值的特徵值所對應的一特徵向量。如果單位向量 $x\,(\neq v)$ 滿足 $v^{\mathrm{T}} x \geqslant \sqrt{3}/2$，則 $x^{\mathrm{T}} Q x \geqslant \dfrac{1}{2} \|Q\|$。

定理 7-8　令 R 是一個對角元為 0，非對角元以等機率取值於 $\left\{\dfrac{1}{2},-\dfrac{1}{2}\right\}$ 的對稱矩陣，則

$$\Pr[\|R\|\geq t]\leq\sqrt{\pi}\,n\,2^n\,\mathrm{e}^{-t^2/4}$$

證明　給定對稱矩陣 R，應用引理 7-2 和引理 7-3 到 R 的具有最大絕對值的特徵值對應的任意特徵向量，則有

$$\Pr\left[\,|x^{\mathrm{T}}Rx|\geq\frac{1}{2}\|R\|\right]\geq\frac{1}{\sqrt{\pi}\,n\,2^{n-1}}$$

因此，對一個隨機矩陣 R 有

$$\Pr\left[\|R\|\geq t,\,|x^{\mathrm{T}}Rx|\geq\frac{1}{2}\|R\|\right]\geq\Pr[\|R\|\geq t]\frac{1}{\sqrt{\pi}\,n\,2^{n-1}}$$

另一方面

$$\Pr\left[\|R\|\geq t,\,|x^{\mathrm{T}}Rx|\geq\frac{1}{2}\|R\|\right]\leq\Pr\left[\|R\|\geq t,\,|x^{\mathrm{T}}Rx|\geq t/2\right]$$

$$\leq\Pr\left[\,|x^{\mathrm{T}}Rx|\geq t/2\right]$$

$$\leq 2\mathrm{e}^{-(t/2)^2}$$

其中最後一個不等式是由引理 7-1 得到。

結合這些不等式，可以得到

$$\Pr[\|R\|\geq t]\leq\sqrt{\pi}\,n\,2^n\,\mathrm{e}^{-t^2/4}$$

一旦 $\mathrm{e}^{t^2/4}$ 超過 $\sqrt{\pi}\,n\,2^n$，定理中的機率會變得很小。隨著 n 的增大，有

$$t>2\sqrt{\ln 2}\sqrt{n}\sim(5/3)\sqrt{n}$$

所以，以指數高的機率有 $\|A-M\|\leq(5/3)\sqrt{n}$，從而可以得出 A 的特徵值的範圍。Furedi[29] 和 Vu[30] 用非常不同的方法證明瞭 $\|R\|\leq\sqrt{n}$。證畢。

參考文獻

[1]　Farkas I J, Derényi I, Barabàsi A L, Vicsek T. Spectra of「Real-World」Graphs: Beyond the Semicircle Law[J]. Physical Review E, 2001, 64（2）: 026704.

[2]　Goh K I, Kahng B, Kim D. Spectra and Eigenvectors of Scale-Free Networks[J].

Physical Review. E, 2001, 64（5）: 051903.

[3] Cvetković D, Doob M, Sachs H. Spectra of Graphs-Theory and Application[J]. New York: Academic Press, 1980.

[4] Comellas F, Gago S. A Star-Based Model for the Eigenvalue Power Law of Internet Graphs[J]. Physica A: Statistical Mechanics and its Applications, 2005, 351（2-4）: 680-686.

[5] Estrada E, Rodriguez-Velazquez J A. Subgraph Centrality in Complex Networks[J]. Physical Review E, 2005, 71（5）: 056103.

[6] Gutman I. The Energy of a Graph: Old and New Results[M]//Betten A, Kohner A, Laue R, Wassermann A. Algebraic Combinatorics and Applications. Berlin: Springer, 2001: 196-211.

[7] Coulson C A. On the Calculation of the Energy in Unsaturated Hydrocarbon Molecules: Proc. Cambridge Phil. Soc. [C]. Cambridge: Cambridge University Press, 1940: 201-203.

[8] Li Xueliang, Shi Yongtang, Gutman I. Graph Energy[M]. New York: Springer, 2012.

[9] McClelland B J. Properties of the Latent Roots of a Matrix: The Estimation of π-Electron Energies[J]. The Journal of Chemical Physics, 1971, 54（2）: 640-643.

[10] Koolen J H, Moulton V. Maximal Energy Graphs[J]. Advances in Applied Mathematics, 2001, 26（1）: 47-52.

[11] Körner J, Moulton V, Gutman I. Improving the McClelland Inequality for Total π-Electron Energy[J]. Chemical Physics Letters, 2000, 320（3-4）: 213-216.

[12] Körner J, Moulton V. Maximal Energy Bipartite Graphs[J]. Graphs and Combinatorics, 2003, 19（1）: 131-135.

[13] Gutman I. Acyclic Systems with Extremal Hückel π-Electron Energy [J].

Chemical Physics Letters, 1977, 45（2）: 79-87.

[14] Andriantiana E O D, Wagner S. Unicyclic Graphs with Large Energy[J]. Linear Algebra and its Applications, 2011, 435（6）: 1399-1414.

[15] Huo Bofeng, Li Xueliang, Shi Yongtang. Complete Solution to a Conjecture on the Maximal Energy of Unicyclic Graphs[J]. European Journal of Combinatorics, 2011, 32（5）: 662-673.

[16] Huo Bofeng, Ji Shengjin, Li Xueliang, et al. Solution to a Conjecture on the Maximal Energy of Bipartite Bicyclic Graphs[J]. Linear Algebra and its Applications, 2011, 435（4）: 804-810.

[17] Wagner S. Energy Bounds for Graphs with Fixed Cyclomatic Number[J]. MATCH Communications in Mathematical and in Computer Chemistry, 2012, 68: 661-674.

[18] Gutman I, Li Xueliang, Zhang Jianbin. Graph Energy [M]//Dehmer M, Emmert-Streib F. Analysis of Complex Networks. Weinheim: Wiley-VCH, 2009: 145-174.

[19] Koolen J H, Moulton. Maximal Energy Graphs[J]. Advances in Applied Mathematics, 2001, 26（1）: 47-52.

[20] Gutman I, Wagner S. The Matching Energy of a Graph[J]. Discrete Applied Mathematics, 2012, 160（15）: 2177-2187.

[21] Nikiforov V. The Energy of Graphs and Matrices[J]. Journal of Mathematical Analysis and Applications, 2007, 326（2）: 1472-1475.

[22] Gutman I, Zhou Bo. Laplacian Energy of a Graph[J]. Linear Algebra and its Applications, 2006, 414（1）: 29-37.

[23] Bozkurt S B, Güngör A D, Gutman I, et al. Randić Matrix and Randić Energy[J].

MATCH Communications in Mathematical and in Computer Chemistry, 2010, 64: 239-250.

[24] Jooyandeh M R, Kiani D, Mirzakhah M. Incidence Energy of a Graph[J]. MATCH Communications in Mathematical and in Computer Chemistry, 2009, 62: 561-572.

[25] Indulal G, Gutman I, Vijayakumar A. On Distance Energy of Graphs [J]. MATCH Communications in Mathematical and in Computer Chemistry, 2008, 60: 461-472.

[26] Gutman I, Furtula B, Zogić E, et al. Resolvent Energy of Graphs [J]. MATCH Communications in Mathematical and in Computer Chemistry, 2016, 75: 279-290.

[27] Gutman I, Li Xueliang. Energies of Graphs-Theory and Applications[M]. Kragujevac: University of Kragujevac and Faculty of Science Kragujevac, 2016.

[28] Spielman D A. Eigenvalues of Random Graphs [J/OL] . [2018-07-19] http: // www. cs. yale. edu/homes/spielman/ 561/2009/lect20-09. pdf

[29] Füredi Z, Komlós J. The Eigenvalues of Random Symmetric Matrices[J]. Combinatorica, 1981, 1 (3): 233-241.

[30] Vu Van. Spectral Norm of Random Matrices[J]. Combinatorica, 2007, 27 (6): 721-736.

第8章

相似性度量

網路相似性或網路比對是比較兩個網路（特別是結構）的相似程度，它們的研究，對人們更好地認識、識別和刻畫網路具有重要的指導意義，同時又在很多領域中有著廣泛的應用，具有很高的應用價值。本章將簡要介紹一些常見的衡量網路相似性的度量。

8.1 相似性度量介紹

確定網路之間結構相似性（也稱為網路比對）或網路間距離的方法已被應用於許多科學領域，例如數學[1~3]、生物學[4~6]、化學[7,8] 和化學資訊學[9] 等。圖比對問題起源於 20 世紀六七十年代，是由 Sussenguth[10]、Vizing[11] 和 Zelinka[1] 引入的。令人驚訝的是，Sussenguth[10] 提出一種確定小圖圖同構的算法，已經從計算上解決了 1964 年的（分子）圖比對問題。相比之下，Vizing[11] 沒有定義圖比對的定量度量，只是提出了圖比對問題的重要性。而在 1975 年，Zelinka[1] 在假設兩個圖具有相同節點數的前提下，首次在基於確定圖同構[12] 的基礎上量化了圖之間的距離。後來，Sobik[2] 和 Kaden[13] 分別在不同的方向上擴展了 Zelinka 的工作。數學上，早在 20 世紀七八十年代，著名數學大師 Erdös 以及美國科學院院士金芳容教授等數學家[14] 就從圖的公共子圖方面開始研究圖的相似性。近年來，這一問題更是得到了著名數學家 Alon、Bollobás、Sudakov 等[15] 的廣泛關注和研究。

研究和比較複雜網路的結構特徵，已經是一個成果豐碩、有極大吸引力的研究領域[16~18]。特別是，當研究它們的數學增長特性時，隨機圖已經被證明是一個非常有用的工具。另一個研究課題是關於網路分類，如小世界網路和無標度網路等。到目前為止，已經提出許多技術來結構性地比較真實世界的圖模式，例如，應用於語言學[19]、web 挖掘[20]、化學資訊學[21] 和計算生物學[22] 等具體的實例。關於網路相似性的更多結果，參看文獻 [23~25]。

事實上，有許多關於網路相似性的綜述文章，Bunke[26] 把重點放在將不精確的圖匹配方法應用到圖像和影片索引，但是對解決圖同構（精確的圖匹配）並沒有給出重大貢獻。Conte 等人[27] 討論的用於圖像、文檔和影片分析的圖匹配技術，以及呈現的分類法只關注來自這些領域的算法，沒有討論圖匹配的複雜性。Gao 等[28] 僅關注對圖編輯距離的綜述結果。最近 Emmert-Streib、Dehmer 和史永堂教授等[29] 呈現了一個關於圖匹配、網路比對和網路排列方法更加全面的綜述。

因為效率低下的計算複雜性，所以度量較大網路的結構相似性是一個很關鍵的任務。近年來，網路比對方法的研究是一個很活躍的領域，已經引進了許多新方法。

8.2 圖同構

網路比對分析中的一個根本問題是確定兩個給定的網路是否具有相同的結構。為了形式化與結構等價相關的內容，於是有了如下定義。

定義 8-1 兩個無向簡單圖 $G_1 = (V_1，E_1)$ 和 $G_2 = (V_2，E_2)$ 是同構的（由 $G_1 \cong G_2$ 表示），如果存在節點映射 $\phi : V_1 \to V_2$ 是一個邊保持雙射，即一個雙射 ϕ 滿足：

$$\forall u, v \in V_1 : uv \in E_1 \Leftrightarrow \phi(u)\phi(v) \in E_2$$

圖同構問題（GI）是確定兩個給定圖是否是同構的。圖 8-1 顯示了三個不同嵌入的同構圖的示例。然而，在實踐中，兩個圖同構是極其罕見的。在大多數情況下比較容易將兩個圖識別為非同構的，一般只需要去檢查一些必要條件，例如，節點和邊的數量必須相同；對於每個度值，具有該度的節點的數量必須相同；連通分支的數量、直徑必須相同等。也可以使用更複雜的屬性，例如，譜相同，所有中心指標必須相同等。許多必要條件可以逐漸給出，但是到目前為止沒有人能成功地給出一個多項式時間可計算的充分條件。

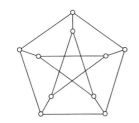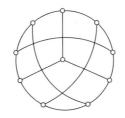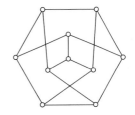

圖 8-1 彼得森圖的三個不同嵌入

雖然自 20 世紀 70 年代以來大量學者在研究圖同構問題，但其複雜性水準仍然是未知的。顯然 $GI \in NP$，但是不知道 GI 是多項式可解的或者是 NP 完全的。解決 GI 的強有力的方法是考慮一個給定圖 G_1 的自同態群 $\mathrm{Aut}(G_1)$ 或至少是關於 $\mathrm{Aut}(G_1)$（在實踐中）的可計算的資訊。顯然，如果 $\mathrm{Aut}(G_1)$ 已知，則 $G_1 \cong G_2$ 可以透過測試對於所有 $\phi \in \mathrm{Aut}(G_1)$，

$\phi(G_1) = G_2$ 來決定。即使不能明確地計算 $\text{Aut}(G_1)$，但可以透過將它們的節點分成等價類來限制兩個圖之間可能的同構數目。可以對一些特殊圖類多項式解決 GI，例如，自同構群是多項式可計算的，可以將節點分成等價類使得兩個圖之間可能的同構數目是多項式的等。

在實踐中解決這個問題（在一般圖上），主要有兩種方法。直接的方法是：拿兩個要比較的圖並嘗試計算同構。這種方法的優點是如果有許多同構，必然會找到一個。第二種方法是獨立於兩個特定圖的比較，定義一個在所有圖集合上的函數 C，使得 G_1 和 G_2 是同構的當且僅當 $C(G_1) = C(G_2)$。這種方法的優點是已經計算的資訊可以被再循環用於新的比較。McKay 的 nauty 算法利用了第二種方法思路，已經成為最實用的 GI 算法。

具有同一頂點集 V 的兩個圖 G 和 H 被稱為亞同構，如果對所有 $v \in V$，它們的點刪除子圖 $G-v$ 和 $H-v$ 是同構的，這意味著 G 和 H 是同構的嗎？答案是否定的。例如，圖 $2K_1$ 和 K_2 雖然不同構，但卻是亞同構的。對任意與 G 亞同構的圖，稱作 G 的一個重構。我們說圖 G 是可重構的，如果 G 的每個重構都與 G 同構，即在同構意義下，G 可以由它的點刪除子圖重構。關於圖的重構，Kelly（1942）和 Harary（1964）提出如下猜想。

猜想 8-1　任意具有至少三個頂點的簡單圖都是可重構的。

這一猜想至今仍未解決。

8.3　圖相似

圖同構問題是判定兩個圖是否具有相同的結構，這是一個非常嚴格的標準，事實上，即使在兩個圖是非同構的情況下，人們也希望給出一些關於圖如何相似的描述。因此，可以嘗試指定兩個圖之間的相似程度。圖相似性是透過比較兩個圖以給出它們之間相似性或距離的度量。圖相似性超越圖同構的一個重要優點是其處理輸入錯誤和失真數據的能力，這通常在收集真實世界數據時發生。這些錯誤可以改變同構圖到非同構圖，所以嚴格檢查同構是不恰當的。相似性度量應該滿足一些有意義的性質，例如，從圖 G_1 到圖 G_2 的距離應該與從 G_2 到 G_1 的距離相同，並且同構圖的距離應該為 0，這些性質的一個常見的形式化是圖距離度量。

定義 8-2　令 G_1、G_2 和 G_3 為三個圖，如果函數 $d：G_1 \times G_2 \rightarrow R_0^+$

滿足以下性質，則稱為圖距離度量。

自反性：$d(G_1,G_2)=0 \Leftrightarrow G_1 \cong G_2$

對稱性：$d(G_1,G_2)=d(G_2,G_1)$

三角不等式：$d(G_1,G_2)+d(G_2,G_3) \geqslant d(G_1,G_3)$

另一方面，所有的圖距離度量都是很難計算的，這是因為自反性意味著圖同構的一個解。因此，在實踐中可以放鬆這些性質，或者計算這個度量的近似。

為了簡單起見，下面僅考慮無向連通圖。所有的表述都可以透過考慮它們的連通分支擴展到不連通的圖，以及有向（強連通）圖。

8.3.1 編輯距離

在圖中編輯距離的研究最初是為了回答兩個不同的、獨立的問題：一個是回答關於性能測試的問題[30]，另一個是從進化生物學角度回答關於共識樹的問題[24]。在代謝網路中，圖中邊的存在或缺失對應到彼此激活或失活的基因對；在進化理論中，研究了關於避免禁止導出子圖[31]的問題，這相當於二部圖或矩陣的一個類似的編輯距離問題。關於更一般圖類的編輯距離問題在性能測試的算法方面和在涉及計算稠密圖性質速度的技術上是重要的。

（正規化）編輯距離是定義在具有 n 個節點的簡單的標號圖集合上的一個度量。兩個圖之間的編輯距離是邊集合的對稱差除以可能邊的總數。如果 $\text{dist}(G,G')$ 表示在相同的標記節點集上 G 和 G' 之間的編輯距離，那麼

$$\text{dist}(G,G') = \left| E(G) \Delta E(G') \right| \Big/ \binom{n}{2}$$

式中 $E(G) \Delta E(G') = (E(G) \backslash E(G')) \bigcup (E(G') \backslash E(G))$

與任何度量一樣，可以取一個圖性質 $\mathcal{H}$（即一族圖），並計算圖與該屬性的距離：

$$\text{dist}(G,\mathcal{H}) = \min \{ \text{dist}(G,G') : V(G')=V(G), G' \in \mathcal{H} \}$$

如果在同構和刪除節點的情況下該性質是封閉的，圖的一個性質是遺傳的，下面研究的性質都是遺傳性質。Alon 和 Stav[30] 證明「事實上，幾乎所有的圖性質都是遺傳的」。平面性、色數至多為 k、不包含給定的圖 H 作為導出子圖等都是一些常被研究的遺傳性質。不包含圖 H 作為導出子圖這個性質被稱為主要遺傳性質，用 $\text{Forb}(H)$ 表示。對每個遺傳性質 $\mathcal{H}$，都存在一族圖 $\mathcal{F}(\mathcal{H})$（「禁止圖」），使得 $\mathcal{H} = \bigcap_{H \in \mathcal{F}(\mathcal{H})} \text{Forb}(H)$。一個遺傳性質被稱為非平凡的，如果有無窮的圖序列在這個性質里。

在 Alon 和 Stav[30,32] 以及 Axenovich、Kézdy 和 Martin[33] 的文章裡，一個基本問題是研究具有 n 個節點的圖 G 與遺傳性質 $\mathcal{H}$ 的最大距離。

定理 8-1[10] 讓 $\mathcal{H}$ 是一個遺傳圖性質。存在 $p^* = p_{\mathcal{H}}^* \in [0, 1]$，使得

$$\max\{\text{dist}(G, \mathcal{H}) : |V(G)| = n\} = E[\text{dist}(G(n, p^*), \mathcal{H})] + o(1)$$

(8-1)

用 $d_{\mathcal{H}}^*$ 表示式(8-1) 的極限。雖然 $d_{\mathcal{H}}^*$ 是我們最感興趣的等式，但是確定它的值通常是透過推廣定理 8-1 的結果來完成的。

Balogh 和 Martin[34] 引入了一個遺傳性質的編輯距離函數。

定義 8-3 令 $\mathcal{H}$ 是一個非平凡的圖遺傳性質，$\mathcal{H}$ 的編輯距離函數為

$$\text{ed}_{\mathcal{H}}(p) := \lim_{n \to \infty} \max\left\{\text{dist}(G, \mathcal{H}) : |V(G)| = n, |E(G)| = \left\lfloor p \begin{bmatrix} n \\ 2 \end{bmatrix} \right\rfloor\right\}$$

(8-2)

在參考文獻 [35] 中證明瞭等式(8-2) 極限的存在性。

定理 8-2 令 $\mathcal{H}$ 是一個非平凡的圖遺傳性質，然後

$$\text{ed}_{\mathcal{H}}(p) := \lim_{n \to \infty} E\{\text{dist}[G(n, p), \mathcal{H}]\}$$

定理 8-1 和定理 8-2 在檢測導出子圖上使用了 Szemerédi 正則引理[36]。應用 Szemerédi 正則引理到遺傳性質上的想法已經在許多論文中進行了研究，例如，Prömel 和 Steger[37~39]、Scheinerman 和 Zito[40] 及 Bollobás 和 Thomason[41~43] 等。基本技巧是應用正則引理兩次：一次到圖本身，另一次到每個由非特殊簇導出的圖。更直接的，由於 Alon 等[44]，Szemerédi 正則引理的變形已被用於許多論文中，包括關於編輯距離論文[30,34]。

編輯距離函數關於補圖是對稱的。很容易看到 $\text{ed}_{\text{Forb}(H)}(p) = \text{ed}_{\text{Forb}(\overline{H})}(1 - p)$。

性質 8-1 令 $\mathcal{H} = \bigcap_{H \in \mathcal{F}(\mathcal{H})} \text{Forb}(H)$ 是一個非平凡遺傳性質，$\mathcal{H}^* = \bigcap_{H \in \mathcal{F}(\mathcal{H})} \text{Forb}(\overline{H})$，則 $\text{ed}_H(p) = \text{ed}_{H^*}(1 - p)$。

8.3.2 路長的差

下面介紹一個基於距離的相似性度量，粗略地講就是考慮所有點對對應路長差的和。類似於定義 8-1，下面這個等式將距離為 1 的點對擴展到了任意點對：

$$\forall u, v \in V_1 : d_{G_1}(u, v) = d_{G_2}(\phi(u), \phi(v))$$

(8-3)

現在，令 G_1 和 G_2 是任意兩個具有相同節點數的圖，$\sigma: V(G_1) \rightarrow V(G_2)$ 是一個雙射。因為式(8-3) 不一定成立，所以，我們代替該條件，用路長的差來定義兩個圖關於 σ 的相似性。

定義 8-4 令 G_1 和 G_2 是任意兩個具有相同節點的圖，$\sigma: V(G_1) \rightarrow V(G_2)$ 是一個雙射，定義 σ-距離 d_σ 為

$$d_\sigma(G_1, G_2) = \sum_{\langle u, v \rangle \in V(G_1) \times V(G_2)} \left| d_{G_1}(u, v) - d_{G_2}[\sigma(u), \sigma(v)] \right|$$

其中和取遍了所有的無序點對。

因為兩個圖的相似性不能依賴於某個特殊的雙射，因此這個距離被定義為取自所有雙射的最小值。

定義 8-5 對兩個具有相同節點數的連通圖 G_1 和 G_2，定義路距離

$$d_{\text{path}}(G_1, G_2) = \min_{\sigma \in \Lambda} d_\sigma(G_1, G_2)$$

式中 Λ——$V(G_1)$ 和 $V(G_2)$ 之間所有雙射的集合。

8.3.3 子圖比對

在網路比對中也經常問這樣一個問題：一個圖是否是另一個圖的一部分，這導致了子圖同構問題，即對於兩個給定的圖 H 和 G，確定是否存在子圖 $H' \subseteq G$，使得 $H \cong H'$。這個問題是 NP 完全的[45]。

在本節中，我們將基於最大共同子圖的大小來考慮相似性度量。對圖匹配用圖的相似子結構的想法是由 Horaud 和 Skordas[46] 以及 Levinson[47] 引入的，並由 Bunke 和 Shearer[48] 進一步提煉。

回憶第 2 章中導出子圖的定義，圖 $G' = (V', E')$ 是圖 $G = (V, E)$ 的導出子圖，如果 $V' \subseteq V$ 和 $E' \subseteq E$，並且 E' 包含連接 V' 中節點的所有邊 $e \in E$。

定義 8-6 令 G_1，G_2 是無向圖，稱單射函數 $\phi: V(G_1) \rightarrow V(G_2)$ 是從 G_1 到 G_2 的子圖同構，如果存在導出子圖 $G_2' \subseteq G_2$，使得 ϕ 是 G_1 和 G_2' 之間的圖同構。

定義 8-7 令 G_1，G_2 是無向圖，稱圖 S 是 G_1 和 G_2 的一個共同導出子圖，如果存在從 S 到 G_1 和 G_2 的子圖同構。

定義 8-8 令 G_1，G_2 是無向圖，如果 G_1 和 G_2 不存在比 S 具有更多節點的共同子圖，則稱 S 是 G_1 和 G_2 的一個最大導出子圖，用 mcis (G_1, G_2) 來表示這樣的最大共同導出子圖（MCIS）。

與 （節點）導出子圖密切相關的一個概念是邊導出子圖。稱圖 $G' = (V', E')$ 是圖 $G = (V, E)$ 的邊導出子圖，如果 $E' \subseteq E$，並且 V' 只包

含 E' 中的邊關聯的節點。注意邊導出子圖不包含孤立點。

定義 8-9 令 G_1，G_2 是無向圖，稱單射函數 $\phi: V(G_1) \to V(G_2)$ 是從 G_1 到 G_2 的邊子圖同構，如果存在一個邊導出子圖 $S \subseteq G_2$，使得 ϕ 是 G_1 和 S 之間的圖同構。

定義 8-10 令 G_1，G_2 是無向圖，稱圖 S 是 G_1 和 G_2 的一個共同邊子圖，如果存在從 S 到 G_1 和 G_2 的邊子圖同構。

定義 8-11 令 G_1，G_2 是無向圖，如果 G_1 和 G_2 不存在比 S 具有更多節點的共同邊子圖，則稱 S 是 G_1 和 G_2 的最大邊導出子圖，用 mces (G_1, G_2) 來表示這樣的最大共同導出子圖（MCES）。

注意，最大公共子圖按定義既可以不唯一也可以不連通，並且非空圖的 MCIS 或 MCES 分別包含至少一個節點或一條邊。接下來，用導出子圖來定義圖的距離度量。

定義 8-12 令 G_1，G_2 是非空無向圖，定義 MCIS 的距離 d_{mcis} 為

$$d_{mcis}(G_1, G_2) = 1 - \frac{|V(mcis(G_1, G_2))|}{\max(|V(G_1)|, |V(G_2)|)}$$

和 MCES 的距離 d_{mces} 為

$$d_{mces}(G_1, G_2) = 1 - \frac{|V(mces(G_1, G_2))|}{\max(|V(G_1)|, |V(G_2)|)}$$

我們知道檢測最大共同子圖是 NP 完全問題，然而一些精確的算法已經被提出，或者是基於對所有子圖的窮盡搜索或者是關於最大公共子圖和最大團檢測的關係。

第一種方法是由 McGregor[49] 提出的，非常相似於圖同構的搜索和回溯方法。算法從每個圖的單個節點開始，迭代地添加不違反公共子圖條件的節點（和關聯邊）來判定公共子圖。如果不可能添加任何新的節點，則對當前子圖的大小與先前發現的子圖進行比較並且進行回溯以測試搜索樹的其他分支。最後，最大的共同子圖被上報。

Koch[50] 提出的第二種方法是將最大公共子圖問題轉化為最大團問題的一種算法，即兩個圖的 MCIS 對應於它們邊積圖的最大團。

下面具體介紹兩種算法。

定義 8-13 一個圖 $G = (V, E, \alpha, L)$ 是一個 4 元組，其中 V 是點集，$E \subseteq V \times V \times L$ 是邊集，$\alpha: V \to L$ 是一個給頂點安排標號的函數，L 是對頂點和邊的一個有限非空標號集。

定義 8-14 $G_1 = (V_1, E_1, \alpha_1, L_1)$ 和 $G_2 = (V_2, E_2, \alpha_2, L_2)$ 的邊積圖 $H_e = G_1 \circ_e G_2$ 定義為：頂點集是 $V(H_e) = E_1 \times E_2$，所有邊對 (e_i, e_j) $(1 \leqslant i \leqslant |E_1|, 1 \leqslant j \leqslant |E_2|)$ 的邊標號和對應端點標號必須一

致，令 $e_i=(u_1, v_1, l_1)$ 和 $e_j=(u_2, v_2, l_2)$，如果 $l_1=l_2$，$\alpha_1(u_1)=\alpha_2(u_2)$，並且 $\alpha_1(v_1)=\alpha_2(v_2)$，則稱其標號是一致的。兩個節點 (e_1, e_2)，$(f_1, f_2) \in V(H_e)$ 相鄰，如果 $e_1 \neq f_1$，$e_2 \neq f_2$ 和 e_1、f_1 在 G_1 中共享的點和 e_2、f_2 在 G_2 中共享的點具有相同的標號（這條邊被標號，稱為 c-邊），或者 e_1、f_1 和 e_2、f_2 分別在 G_1 和 G_2 中都不相鄰（這條邊被標號，稱為 d-邊）。

（1）McGregor 算法

McGregor 算法嘗試將 G_1 中的頂點和 G_2 中的頂點暫時性地配對。矩陣 medges 是跟踪 G_1 和 G_2 的哪些邊可能仍然對應彼此。每當 G_1 中一個頂點和 G_2 中一個頂點暫時配對，medges 被提煉。例如，當 G_1 中的頂點 i 和 G_2 中的頂點 j 配對時，那麼任何連接到頂點 i 的邊 r 只能對應於連接到頂點 j 的 G_2 中的邊。

當沒有更多具有相同標記的未配對頂點留下時，allPossibleVerticesPaired()（第 16 行）返回 true，這意味著沒有更多的頂點可以暫時配對。此時的 medges 狀態表示公共子圖中的邊。

為了減小搜索樹的大小，算法會檢查在 medges 中留下的邊的數量是否仍然高於當前最佳結果的邊數。getEdgesLeft()（第 14 行）返回當前公共子圖最多可能擁有的邊數，這是 medges 中包含至少 1 個 1 的行數。為了僅僅找到連通子圖，getConnectedEdgesLeft()（第 17 行）返回由在 medges 中為 1 的邊生成的最大連通子圖中的邊數。該算法可以對每個標記跟踪暫時配對的頂點數。這是因為在某種程度上，對 G_1 中的頂點 i 來說，在 G_2 中可能沒有一個具有相同標記的未配對的頂點 j。

算法 1 MCGREGOR (G_1, G_2)

▷返回 G_1 和 G_2 的最大公共子圖

V_1：G_1 的點集

V_2：G_2 的點集

E_1：G_1 的邊集

E_2：G_2 的邊集

medges：一個布爾矩陣，medges[d][e] 是正確的，如果在 G_1 中邊 d 被允許對應於 G_2 中邊 e

medgesCopies[i]：一個儲存 medges 複製的數組，當算法返回時，這些複製會被恢復

$T[i]$：G_2 中已經被 G_1 中頂點 i 嘗試的頂點集

noLabelMatch[i]：一個布爾標誌，對應於 G_1 中頂點 i，初始化為 false

1：令 $a=(v_a, u_a, l_a)$ 和 $b=(v_b, u_b, l_b)$，對所有的 $a \in E_1$ 和 $b \in E_2$，令 medges$[a][b]$ 包含 $l_a = l_b$

2：$i \leftarrow 0$

3：bestEdgesLeft$\leftarrow 0$

4：T$[i] \leftarrow \emptyset$

5：while $i \geqslant 0$ do

6：　if $|T[i]| < |V_2|$ then

7：　　$xi \leftarrow$ getUntriedVertex(i)

8：　　$T[i] \leftarrow T[i] \cup \{xi\}$

9：　　if $\alpha_1(i) \neq \alpha_2(xi)$ then

10：　　　noLabelMatch$[i] \leftarrow$ true

11：　　else

12：　　　medgesCopies$[i] \leftarrow$ medges

13：　　　refineMedges(i, xi)

14：　　　edgesLeft$\leftarrow$ getEdgesLeft$()$

15：　　　if edgesLeft$>$bestEdgesLeft then

16：　　　　if allPossibleVerticesPaired$()$ then

17：　　　　　if medges. getConnectedEdgesLeft$()$
　　　　　　　$>$bestEdgesLeft then

18：　　　　　　bestMedges$\leftarrow$ medges

19：　　　　　　bestEdgesLeft$\leftarrow$ edgesLeft

20：　　　　　end if

21：　　　　else

22：　　　　　$i \leftarrow i + 1$

23：　　　　　medgesCopies$[i] \leftarrow$ medges

24：　　　　　$T[i] \leftarrow T[i] \cup \{xi\}$

25：　　　　end if

26：　　　else

27：　　　　medges$\leftarrow$ medgesCopies$[i]$

28：　　　end if

29：　　end if

30：　else if noLabelMatch$[i]$ and $i \neq |V_1| - 1$ then

31：　　noLabelMatch$[i] \leftarrow$ false

32：　　$i \leftarrow i + 1$

33：　　medgesCopies$[i] \leftarrow$ medges

34： $T[i] \leftarrow T[i] \bigcup \{xi\}$

35： else

36： $i \leftarrow i-1$

37： medges←medgesCopie

38： end if

39：end while

（2）Koch 算法

算法 2　MAXIMAL ＿ C ＿ CLIQUE( )，算法 3 的初始化算法

▷返回包含圖 G 中最大團頂點的集合 R

T：已經被用於 EXPAND ＿ C ＿ CLIQUE 初始化的頂點集

V：邊積圖 G 的頂點集

C：屬於當前團的頂點集

P：可以添加到 C 的頂點集，因為它們是 C 中所有頂點的鄰點，並且對於每個頂點 $u \in P$ 至少存在一個頂點 $v \in C$，使得 u 和 v 透過一條 c-邊連接

D：不能直接添加到 C 的頂點集，因為它們是 C 中所有頂點透過 d-邊連接的鄰點

E：由 EXPAND C CLIQUE 的一個遞歸調用產生的頂點集

largest：目前為止發現的最大團的大小

$N[u] = \{v \in V \mid \{u, v\} \in E\}$ 表示頂點 u 在 G 中的鄰點集

1： $T \leftarrow \emptyset$

2： $R \leftarrow \emptyset$

3： largest←0

4： for all $u \in V$ do

5： $P \leftarrow \emptyset$

6： $D \leftarrow \emptyset$

7： for all $v \in N[u]$ do

8： if v 和 u 透過一個 c-邊連接 then

9： if $v \notin T$ then

10： $P \leftarrow P \bigcup \{v\}$

11： end if

12： else if v 和 u 透過一個 d-邊連接 then

13： $D \leftarrow D \bigcup \{v\}$

14： end if

```
15： end for
16： E←EXPAND_C_CLIQUE(⟨u⟩，P，D，largest)
17： if |E|>|R| then
18：    R←E
19：    largest←|E|
20： end if
21： T←T∪{v}
22： end for
23： return R
```

算法 3 是遞歸的團搜索算法。它檢查集合 C 是否可以擴展，如果是這樣，那麼算法就嘗試對 P（算法 3，第 5 行）的每個頂點擴展這個集合，算法遞歸地調用集合 C 的每一個擴展。算法 2 初始化了 Koch 算法的所有集合，即對邊積圖中的每個點，算法 2 初始化了集合 C、P 和 D。

算法 3　EXPAND_C_CLIQUE（C，P，D，largest）

▷返回包含圖 G 中最大團頂點的集合 R，使得 C⊆R

```
1：R←C
2：if P=∅ or |P|+|C|+|D|⩽largest，then
3：    返回 R
4：else
5：    for all u∈P do
6：        P←P \ {u}
7：        P′←P∩N[u]
8：        D′←D∩N[u]
9：        for all v∈D′ do
10：           if v 和 u 透過一個 c-邊連接 then
11：               P′←P′∪{v}
12：               D′←D′ \ {v}
13：           end if
14：       end for
15：       E←EXPAND_C_CLIQUE(C∪{u}，P′，D′，largest)
16：       if |E|>|R| then
17：           R←E
18：           largest←|E|
19：       end if
```

20：　　　end for
21：　　end if
22：　return R

團檢測的精確算法是基於窮盡搜索策略[45]。這種方法類似於 MCIS 的算法，此外，對於更多已經提出的近似算法，參見綜述 [51]。

8.4 基於拓撲指數的相似度量

Dehmer 教授、Emmert-Streib 教授和史永堂教授等[52] 基於網路的拓撲指數提出了一類新的相似度量。這一度量的定義藉助瞭如下函數：

$$d(x,y)=1-\mathrm{e}^{-\left(\frac{x-y}{\sigma}\right)^2}$$

其中 x 和 y 是任意的兩個實數。設 I 是網路的拓撲指數，如平均距離、Wiener 指數、Randić 指數、圖譜、圖能量、圖熵等。對給定的具有相同節點數的兩個網路 G 和 H，以及給定的拓撲指數 I，G 和 H 的距離定義為

$$d(G,H)=d(I(G),I(H))=1-\mathrm{e}^{-\left(\frac{I(G)-I(H)}{\sigma}\right)^2}$$

這裡定義的網路相似性的優點是它是多項式可計算的。在一些特殊網路上進行了實驗，結果發現基於圖譜和圖能量定義的相似度量具有更強的區分網路的能力。另外，南開大學的李濤教授和史永堂教授等[53] 還對這一度量與編輯距離進行了比較。這一相似度量提出之後得到了很多的關注和研究，更多的結果可參考文獻 [54～56]。

8.5 鏈路預測

網路中的鏈路預測是指如何透過已知的網路節點以及網路結構等資訊，預測網路中尚未產生連邊的兩個節點之間產生連接的可能性。Lin[57] 基於節點的屬性定義了節點的相似性，可以直接用來進行鏈路預測。如何刻畫網路中節點的相似性也是一個重要的理論問題，這個問題與網路聚類等應用息息相關。類似的，相似性的度量指標數不勝數，只有能夠快速準確地評估某種相似性定義是否能夠很好地刻畫一個給定網路節點間的關係，才能進一步研究網路特徵對相似性指標選擇的影響。在這個方面，鏈路預測是核心技術。

　　節點的相似性可以使用節點的基本屬性來定義，即兩個節點被認為是相似的，如果它們有很多共同特徵。另一組相似指標僅僅基於網路結構，叫做結構相似性，可以被進一步分類為依賴於節點的，依賴於路徑的和混合的方法。現有的節點間相似性的計算方法主要分為三類：①基於網路全局資訊的相似性度量指標，如 Katz 指標[58]、LHN（Leicht-Holme-Newman）指標[59]、ACT（Average Colllinute Time）指標[60,61]、RWR（Random Walk with Restart）指標[62] 等；②基於節點公共鄰居的局部相似性度量指標，如 CN（Common Neighbor）指標[63]、Salton（又稱為 Cosine）指標[64]、Srensen 指標[65]、Jaccard 指標[66] 等；③介於全局和局部之間的半局部相似性度量指標，如 LP（Local Path）指標[67]、LRW（Local Random Walk）指標[66]、RA LP（Resource Allocation along Local Path）[68] 等。

　　呂琳媛教授和周濤教授[67,69] 等在共同鄰居的基礎上考慮三節路徑的因素，提出了基於局部路徑的相似性指標（LP），其定義為

$$S = A^2 + \alpha \cdot A^3$$

式中　α——可調參數；

　　　A——網路的鄰接矩陣。

　　當 $\alpha = 0$ 時，LP 指標就退化為 CN 指標，CN 指標本質上也可以看成基於路徑的指標，只是它僅考慮了二階路徑數目。局部路徑指標可以擴展為更高階的情形，即考慮 n 階路徑的情況：

$$S^n = A^2 + \alpha \cdot A^3 + \alpha^2 \cdot A^4 + \cdots + \alpha^{n-2} A^n$$

隨著 n 的增加，局部路徑指標的複雜度越來越大。一般而言，考慮 n 階路徑的計算複雜度為 $O(N \langle k \rangle^n)$。但是當 $n \to \infty$ 的時候，局部路徑指標相當於考慮網路全部路徑的 Katz 指標，此時計算量反而有可能下降，因為可轉變為計算矩陣的逆。鏈路預測已經被很好地研究了，讀者可以參看呂琳媛教授和周濤教授等的綜述 [69] 和專著 [70]。

參考文獻

[1]　Zelinka B. On a Certain Distance between Isomorphism Classes of Graphs[J]. Časopis pro pěistován matematiky a fysiky, 1975, 100（4）：371-373.

[2]　Sobik F. Graphmetriken und Klassifikation Strukturierter Objekte[J]. ZKI-Informationen

Akad Wiss DDR, 1982, 2（82）: 63-122.

[3] Dehmer M, Mehler A. ANew Method of Measuring Similarity for a Special Class of Directed Graphs [J] . Tatra Mountains Mathematical Publications, 2007, 36（125）: 39-59.

[4] Emmert-Streib F. The Chronic Fatigue Syndrome: a Comparative Pathway Analysis[J]. Journal of Computational Biology, 2007, 14（7）: 961-972.

[5] Junker B H, Schreiber F. Analysis of Biological Networks[M]. New York: Wiley-Interscience, 2008.

[6] Kier L B, Hall L H. The Meaning of Molecular Connectivity: Abimolecular Accessibility Model[J]. Croatica Chemica Acta, 2002, 75（2）: 371-382.

[7] Bonchev D, Trinajstić N. Information Theory, Distance Matrix and Molecular Branching[J]. The Journal of Chemical Physics, 1977, 67（10）: 4517-4533.

[8] Skvortsova M I, Baskin I I, Stankevich I V, et al. Molecular Similarity. 1. Analytical Description of the Set of Graph Similarity Measures[J]. Journal of Chemical Information and Computer Sciences, 1998, 38（5）: 785-790.

[9] Varmuza K, Scsibrany H. Substructure Isomorphism Matrix[J]. Journal of Chemical Information and Computer Sciences, 2000, 40（2）: 308-313.

[10] Sussenguth E H. Structural Matching in Information Processing [M]. Cambridge: Harvard University Press, 1964.

[11] Vizing V G. Some Unsolved Problems in Graph Theory[J]. Uspekhi Matematicheskikh Nauk, 1968, 23（6）: 117-134.

[12] Harary F. Graph Theory[M]. Boston: Addison-Wesley, 1969.

[13] Kaden F. Graphmetriken und Distanzgraphen [J] . ZKI-Informationen Akad Wiss

DDR, 1982, 2（82）: 1-63.

[14] Chung F R K, Erdös P, Spencer J. Extremal Subgraphs for Two Graphs[J]. Journal of Combinatorial Theory, Series B, 1985, 38（3）: 248-260.

[15] Lee C, Loh P, Sudakov B. Self-Similarity of Graphs [J]. SIAM Journal on Discrete Mathematics, 2013, 27（2）: 959-972.

[16] Albert R, Barabàsi A L. Statistical Mechanics of Complex Networks[J]. Reviews of Modern Physics, 2002, 74（1）: 47-97.

[17] Bunke H. What Is the Distance between Graphs [J]? Bulletin EATCS, 1983, 20: 35-39.

[18] Dehmer M. Information Processing in Complex Networks: Graph Entropy and Information Functionals[J]. Applied Mathematics and Computation, 2008, 201（1-2）: 82-94.

[19] Dehmer M, Emmert-Streib F. Mining Graph Patterns in Web-Based Systems: a Conceptual View[M]//Mehler A, Sharo S, Rehm G, Santini M. Genres on the Web: Computational Models and Empirical Studies. Berlin: Springer, 2010: 237-253.

[20] Dehmer M. Strukturelle Analyse Webbasierter Dokumente [M]//Lehner F, Bodendorf F. Multimedia und Telekooperation. Wiesbaden: Gabler Edition Wissenschaft-Deutscher Universitätsverlag, 2006.

[21] Watts D J, Strogatz S H. Collective Dynamics of 'Small-World' Networks[J]. Nature, 1998, 393（6684）: 440-442.

[22] Emmert-Streib F, Dehmer M. Networks for Systems Biology: Conceptual Connection of Data and Function [J] . IET Syst. Biol. , 2011, 5（3）: 185-207.

[23] Liu Runran, Jia Chunxiao, Zhou Tao, et al. Personal Recommendation via Modied Collaborative Ltering [J]. Physica A, 2009, 388 (4): 462-468.

[24] Liu Jianguo, Wang Binghong, Guo Qiang. Improved Collaborative Ltering Algorithm via Information Transformation [J]. International Journal of Modern Physics C, 2009, 20 (2): 285-293.

[25] Lv Linyuan, Jin Ci-hang, Zhou Tao. Similarity Index Based on Local Paths for Link Prediction of Complex Networks[J]. Physical Review E, 2009, 80 (4): 046122.

[26] Bunke H. Recent Developments in Graph Matching: In 15th International Conference on Pattern Recognition [C]. Barcelona: University of Bern, 2000: 117-124.

[27] Conte D, Foggia F, Sansone C, Vento M. Thirty Years of Graph Matching in Pattern Recognition [J]. International Journal of Pattern Recognition and Articial Intelligence, 2004, 18 (03): 265-298.

[28] Gao Xinbo, Xiao Bing, Tao Dacheng, et al. A Survey of Graph Edit Distance [J]. Pattern Analysis and Applications, 2010, 13 (1): 113-129.

[29] Emmert-Streib F, Dehmer M, Shi Yongtang. Fifty Years of Graph Matching, Network Alignment and Network Comparison [J]. Information Sciences, 2016, 346: 180-197.

[30] Alon N, Stav U. What is the furthest graph from a hereditary property [J]? Random Structures & Algorithms, 2008, 33 (1): 87-104.

[31] Chen Duhong, Eulenstein O, Fernández-Baca D, et al. Supertrees by Flipping: International Computing and Combinatorics Conference[C]. Berlin: Springer, 2002.

[32] Alon N, Stav U. The Maximum Edit Distance from Hereditary Graph Properties[J]. Journal of Combinatorial Theory, Series B, 2008, 98 (4): 672-697.

[33] Axenovich M, Kézdy A, Martin R. On the Editing Distance of Graphs[J]. Journal Graph Theory, 2008, 58 (2): 123-138.

[34] Balogh J, Martin R. Edit Distance and its Computation[J]. Electronic Journal of Combinatorics, 2008, 15 (1): # R20.

[35] Newman M E J, Barabasi A L, Watts D J. The Structure and Dynamics of Networks[M]. New Jersey: Princeton University Press, 2006.

[36] Szemerédi E. Regular Partitions of Graphs[C]//J C Bermond, J C Fournier, M Las Vergnas, D Sotteau. Proceedings of the Colloquim International CNRS. Paris: CNRS, 1978: 399-401.

[37] Prömel H J, Steger A. Excluding Induced Subgraphs III: A General Asymptotic[J]. Random Structures & Algorithms, 1992, 3 (1): 19-31.

[38] Prömel H J, Steger A. Excluding Induced Subgraphs: Quadrilaterals [J]. Random Structures & Algorithms, 1991, 2 (1): 55-71.

[39] Prömel H J, Steger A. Excluding Induced Subgraphs II: Extremal Graphs [J]. Discrete Applied Mathematics, 1993, 44 (1-3): 283-294.

[40] Scheinerman E R, Zito J. On the Size of Hereditary Classes of Graphs [J]. Journal of Combinatorial Theory, Series B, 1994, 61 (1): 16-39.

[41] Bollobás B, Thomason A. Projections of Bodies and Hereditary Properties of Hypergraphs[J]. Bulletin of the London Mathematical Society, 1995, 27 (5):

417-424.

[42] Bollobàs B, Thomason A. Hereditary and Monotone Properties of Graphs [M]//Graham R L, Nesetril J. The Mathematics of Paul Erdös II, Algorithms and Combinatorics. Berlin: Springer, 1997: 70-78.

[43] Bollobàs B, Thomason A. The Structure of Hereditary Properties and Colourings of Random Graphs [J]. Combinatorica, 2000, 20 (2): 173-202.

[44] Alon N, Stav U. What is the furthest graph from a hereditary property? [J]. Random Structures & Algorithms, 2008, 33 (1): 87-104.

[45] Michael R G, David S J. Computers and Intractability: A Guide to the Theory of NP-Completeness [J]. W. H. Freeman and Company, San Francisco, 1979: 90-91.

[46] Horaud R, Skordas T. Stereo Correspondence through Feature Grouping and Maximal Cliques[J]. IEEE Transactions on Pattern Analysis and Machine Intelligence, 1989, 11 (11), 1168-1180.

[47] Levinson R. Pattern Associativity and the Retrieval of Semantic Networks[J]. Computers & Mathematics with Applications, 1992, 23 (6-9), 573-600.

[48] Bunke H, Shearer K. A graph Distance Metric Based on the Maximal Common Subgraph[J]. Pattern recognition letters, 1998, 19 (3): 255-259.

[49] McGregor J J. Backtrack Search Algorithms and the Maximal Common Subgraph Problem [J]. Software: Practice and Experience, 1982, 12 (1): 23-34.

[50] Koch I. Enumerating all Connected Maximal Common Subgraphs in Two Graphs[J]. Theoretical Computer Science, 2001, 250 (1-2): 1-30.

[51] Wu Qinghua, Hao Jinkao. A Review on Algorithms for Maximum Clique Problems [J]. European Journal of Operational Research, 2015, 242 (3): 693-709.

[52] Dehmer M, Emmert-Streib F, Shi Yongtang. Interrelations of Graph Distance Measures Based on Topological Indices [J]. PLOS ONE, 2014, 9 (4): e94985.

[53] Li Tao, Dong Han, Shi Yongtang, Dehmer M. A Comparative Analysis of New Graph Distance Measures and Graph Edit Distance[J]. Information Sciences, 2017, 403-404: 15-21.

[54] Dehmer M, Emmert-Streib F, Shi Yongtang. Graph Distance Measures based on Topological Indices Revisited[J]. Applied Mathematics and Computation, 2015, 266: 623-633.

[55] Yu Lulu, Zhang Yusen, Gutman I, Shi Yongtang, Dehmer M. Protein Sequence Comparison Based on Physicochemical Properties and Position-Feature Energy Matrix[J]. Scientific Reports, 2017, 7: 46237.

[56] Dehmer M, Pickl S, Shi Yongtang, Yu Guihai.New Inequalities for Network Distance Measures by Using Graph Spectra[J]. Discrete Applied Mathematics, in press. -doi https: //doi. org/ 10. 1016/j. dam. 2016. 02. 024

[57] Lin Dekang. An Information-Theoretic Definition of Word Similarity: [C]//Proceeding of the 15th International Conference on Machine Learning. San Francisco: Morgan Kaufman Publishers, 1998: 296-304.

[58] Katz L. A New Status Index Derived from Sociometric Analysis [J]. Psychometrika, 1953, 18 (1): 39-43.

[59] Leicht E A, Holme P, Newman M E J. Vertex Similarity in Networks[J]. Physical

Review E, 2006, 73（2）: 026120.

[60] Fouss F, Pirotte A, Renders J M, et al. Random-Walk Computation of Similarities Between Nodes of a Graph with Application to Collaborative Recommendation[J]. IEEE Transactions on Knowledge and Data Engineering, 2007, 19（3）: 355-369.

[61] Göbel F, Jagers A A. Random Walks on Graphs [J]. Stochastic Processes and their Applications, 1974, 2（4）: 311-336.

[62] Brin S, Page L. Reprint of: The Anatomy of a Large-Scale Hypertextual Web Search Engine[J]. Computer Networks, 2012, 56（18）: 3825-3833.

[63] Lorrain F, White H C. Structural Equivalence of Individuals in Social Networks[J]. The Journal of Mathematical Sociology, 1971, 1（1）: 49-80.

[64] Salton G, McGill M J. Introduction to Modern Information Retrieval [M]. New York: McGraw-Hill, 1986.

[65] Hamers L, Hemeryck Y, Herweyers G, et al. Similarity Measures in Scientometric Research: the Jaccard Index Versus Salton's Cosine Formula[J]. Information Processing & Management, 1989, 25（3）: 315-318.

[66] Liu Weiping, Lv Linyuan. Link Prediction Based on Local Random Walk[J]. Europhysics Letters, 2010, 89（5）: 58007.

[67] Zhou Tao, Lv Linyuan, Zhang Yicheng. Predicting Missing Links via Local Information[J]. The European Physical Journal B, 2009, 71（4）: 623-630.

[68] 白萌. 複雜網路的鏈路預測: 基於結構相似性的算法研究[D]. 湘潭: 湘潭大學, 2011.

[69] Lv Linyuan, Zhou Tao. Link Prediction in Complex Networks: A Survey. Physica A, 2011, 390（3）: 1150-1170.

[70] 呂琳媛, 周濤. 鏈路預測[M]. 北京: 高等教育出版社, 2013.

第9章

其他度量

隨著複雜網路的不斷深入研究，除了前幾章介紹的常見的網路度量，越來越多的度量被引入研究，本章將簡要介紹一些常見的度量，以便讀者對網路度量有更深入的瞭解。

9.1　中心度量

在複雜網路分析中，中心性分析是一種很有價值的方法，它可以檢測網路中的關鍵點以及對網路元素進行排序，以便能夠捕獲到有重要意義的候選節點。長期以來，網路研究人員依據各種標準提出了許多中心性指標來判定網路中哪些節點比其他節點更重要，這些指標已被廣泛應用於各種領域，幫助研究人員分析和理解節點在各種類型網路中扮演的功能，例如社會網路、資訊網路、電腦網路、生物網路等。或許最簡單的中心性方法是節點度本身，但也有依賴於節點之間最短路徑的方法，像中介方法和鄰近方法等。另外，還有基於網路效率和圖矩的譜分特性的中心性方法。這些方法都非常重要，因為它們常常與發生在圖上的動態進程相關聯，從而能夠對網路進行進一步動態預測，幫助人們制定出更加符合客觀規律的可行方案。

在圖論和網路分析中，中心性是判定網路中節點重要性的指標，是節點重要性的量化。這些中心性度量指標最初應用於社會網路，隨後被推廣到其他類型網路的分析中。在社會網路中，一項基本任務是去鑒定在一群人中哪些人比其他人更具影響力，從而幫助研究人員分析和理解扮演者在網路中擔當的角色。為完成這種分析，這些人以及人與人之間的聯繫被模型化成網路圖，網路圖中的節點代表人，節點之間的連邊表示人與人之間的聯繫。基於建立起來的網路結構圖，使用一系列中心性度量方法就可以計算出哪個個體比其他個體更重要。

對節點重要性的解釋有很多種，在不同的解釋下判定中心性的度量指標也有所不同，但目前最主要的度量指標為度中心性、鄰近中心性/親密中心性、中介中心性/中間中心性、特徵向量中心性四種。其中，度中心性[1] 是最先被提出的、概念相對簡單的一個中心性度量指標。

（1）度中心性

在真實世界的交互中，一般認為具有較強人際關係的人更具有社會價值。度中心性利用了該思想，對於具有更多連接關係的節點，度中心性度量方法認為它們具有更高的中心性，就意味著這個節點更重要。在

無向圖中，節點 i 的度中心性為[1]

$$C_D(i) = \frac{d(i)}{N-1}$$

式中　$d(i)$——節點 i 的度；

　　$N-1$——最大可能的鄰點數。

在有向圖中，既可以利用入度或出度，也可以將兩者之和作為它的度量，參看圖 9-1 所示例子。

星形網　　　　　環形網　　　　　單鏈網

圖 9-1　三種結構的中心性比較

具有 N 個節點的星形網路中，中心節點的度中心性為 1，其餘節點的度中心性均為 $1/(N-1)$；在環形結構中，任何節點的度中心性均為 $2/(N-1)$；在鏈式結構中，除了鏈的端節點的度中心性等於 $1/(N-1)$，其餘節點的度中心性均為 $2/(N-1)$。因此，根據度中心性，星形網路的中心節點具有超強的聯繫能力，環形網路中各個節點同等重要，而鏈網路中除端節點外的其餘節點均同等重要。

（2）鄰近中心性

鄰近中心性用於刻畫網路中的一個節點到達其他節點的難易程度，它是基於最小距離或最短路徑的概念。這種中心性不僅應用了節點到其他所有節點之間的最大距離，而且還應用了節點到其他所有節點距離的總和。節點 i 的鄰近中心性定義為[2]

$$C_C(i) = \frac{N-1}{\sum_{j=1}^{N} d(i,j)}$$

式中　$d(i,j)$——節點 i 到節點 j 的距離。

度中心性反映的是一個節點對於網路中其他節點的直接影響力，而鄰近中心性則反映的是節點透過網路對其他節點施加影響的能力，因而鄰近中心性較之度中心性更能夠反映網路的全局結構。

為了度量網路的脆弱性，Dangalchev[3] 修改了鄰近中心性的定義，使它能夠應用到不連通圖中：

$$C_C(i) = \sum_{\substack{j=1 \\ j \neq i}}^{N} \frac{1}{2^{d(i,j)}}$$

（3）介數中心性

介數中心性是以經過某個節點的最短路徑數目來刻畫節點重要性的指標。它認為中心點應該是資訊、物質或能量在網路上傳輸時負載最重的節點，但它不一定度最大，也不一定是網路的拓撲中心。節點 i 的介數中心性定義為[4]

$$C_B(i) = \frac{2}{(N-1)(N-2)} \sum_{j<k} \frac{n_{jk}(i)}{n_{jk}}$$

式中　　　　n_{jk}——連接節點 j 和 k 之間最短路徑數目；

　　　　　　$n_{jk}(i)$——連接節點 j 和 k 之間包含節點 i 的最短路徑數目；

$(N-1)(N-2)/2$——最大可能的點介數。

如圖 9-2 所示，拓撲中心節點的介數中心性僅為 0.028，並不是最大的，同時介數中心性最大的一些節點也並不是拓撲中心。

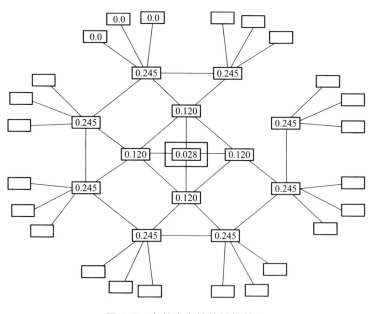

圖 9-2　介數中心性的計算結果

（4）流介數中心性

介數中心性的定義是基於最短路徑，對於確定以最短路徑進行路由的網路中的高負載節點非常重要，然而由於實際傳播常常並不走最短路，因此流介數中心性以任意路徑的概念來定義介數，從而能夠確定整體上的幾何中心節點。節點 i 的流介數中心性定義為

$$C_{\mathrm{B}}(i) = \sum_{j<k} \frac{n_{jk}(i)}{n_{jk}}$$

式中　n_{jk}——連接節點 j 和 k 之間的所有路徑數；

　$n_{jk}(i)$——連接節點 j 和 k 之間包含節點 i 的所有路徑數。

利用流介數中心性對圖 9-2 中的網路重新進行中心化，得到圖 9-3 所示的結果，此時幾何中心節點的中心化地位得到體現。

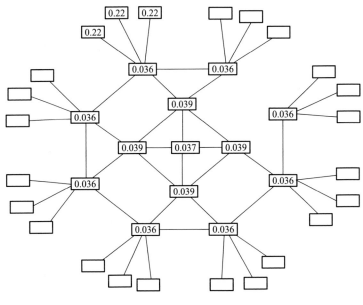

圖 9-3　流介數中心性的計算結果

（5）特徵向量中心性

在度中心性度量中，認為具有較多連接的節點更重要。然而在現實中，擁有更多朋友並不能確保這個人就是重要的，擁有更多重要的朋友才能提供更有力的資訊，因此，這里試圖用鄰居節點的重要性來概括本節點的重要性。設 $C_{\mathrm{E}}(i)$ 表示節點 i 的特徵向量中心性，其定義

如下[5]：

$$C_{\text{E}}(i) = \lambda^{-1} \sum_{j=1}^{n} a_{ij} e_j$$

式中　　$A = (a_{ij})$——鄰接矩陣；

　　　　　λ——A 的絕對值最大的特徵值，是某個固定的常數；

$e = (e_1, e_2, \cdots, e_n)$——矩陣 A 對應於 λ 的特徵向量。

特徵向量中心性主要應用於傳播性網路，如疾病傳播等。特徵向量中心性高的節點説明該節點與病源更近，通常是需要重點防範或重點利用的關鍵節點。

（6）Katz 中心性

Katz 中心性[6] 是度中心性的推廣。度中心性度量了直接相鄰節點的數目，Katz 中心性則度量了可以透過路徑連接的所有節點的數目。在數學上，它被定義為

$$C_{\text{Katz}}(i) = \sum_{k=1}^{\infty} \sum_{j=1}^{N} \alpha^k (\mathbf{A}^k)_{ji}$$

式中　α——位於 $(0,1)$ 的一個衰減因子。

Katz 中心性也可以被看作是特徵向量中心性的一種變形。在特徵向量中心性度量中，會有這麼一個問題：某個點被大量關注，但是關注該點的點的中心性很低（甚至為 0），這樣會導致網路中存在被大量關注但中心值卻為 0 的點。因此，需要在特徵向量中心性度量的基礎上加入一個偏差項來解決這個問題。

$$C_{\text{Katz}}(i) = \alpha \sum_{j=1}^{N} a_{ij} \left[C_{\text{Katz}}(j) + 1 \right]$$

（7）PageRank 值

Katz 中心性在某些情況下存在一些與特徵向量中心性相似的問題。在有向圖中，一旦一個節點成為一個高中心值節點，它將向它所有的外連接傳遞其中心性，導致其他節點中心性變得很高，但這是不可取的，因為就如同不是每一個被名人所知的人都是有名的。因此在 Katz 中心性的基礎上，累加時讓每一個鄰居的中心性除以該鄰居節點的出度，這種度量稱為 PageRank 值：

$$C_{\text{P}}(i) = \alpha \sum_{j=1}^{N} a_{ji} \frac{C_{\text{P}}(j)}{L(j)} + \frac{1 - \alpha}{N}$$

式中　$L(j)$——節點 j 的鄰居數，若在有向圖中表示節點 j 的出鄰居數。

（8）偏心率中心性

偏心率中心性的定義利用了節點之間的距離，節點 i 的偏心率中心

性定義為[3]

$$C_E(i) = \frac{1}{\max_{j \in V} d(i,j)}$$

這種中心性保證了越位於網路中心的節點越擁有較高的中心性值，因此這類中心性節點是那些有著最小偏離值的節點。

（9）資訊中心性

圖 G 的效率被定義為

$$E(G) = \frac{1}{N(N-1)} \sum_{i \neq j \in V} \frac{1}{d(i,j)}$$

資訊中心性定義為透過從圖中移除某個節點及連接它的邊後，引起該圖效率 $E(G)$ 的相對衰退，節點 i 的資訊中心性定義為[7]

$$C_E(i) = \frac{\Delta E}{E} = \frac{E(G) - E(G')}{E(G)}$$

式中　G'——從 G 中移除節點 i 及其連接的邊後的圖。

（10）子圖中心性

子圖中心性描述了從一個節點開始到這個節點結束的閉途徑的數目，一個閉途徑代表網路中的一個子圖。因此這個方法記錄了一個節點在這個網路中參加不同連通子圖的次數。這個方法與網路鄰接矩陣的矩有關，如以下等式所示[8]：

$$\boldsymbol{C}_S(i) = \sum_{k=0}^{\infty} \frac{(\boldsymbol{A}^k)_{ii}}{k!}$$

式中　$(\boldsymbol{A}^k)_{ii}$——鄰接矩陣 $\boldsymbol{A}$ 第 k 次冪後對角線上的第 i 個元素。

分母 $k!$ 確保公式是收斂的，越小的子圖對這個和貢獻越大。利用鄰接矩陣的譜分方法，節點 i 的子圖中心性也可以從下列公式得到：

$$\boldsymbol{C}_S(i) = \sum_{j=1}^{N} \boldsymbol{v}_j(i)^2 e^{\lambda_j}$$

式中　$\boldsymbol{\lambda}_j$——鄰接矩陣 A 的第 j 個特徵值；

$\boldsymbol{v}_j(i)$——λ_j 對應特徵向量中的第 i 個元素。

（11）滲流中心性

存在大量的中心度量來確定網路中單個節點的「重要性」，然而，這些度量只是以純拓撲的方式來量化節點的重要性，並且節點的值不依賴於節點的「狀態」，即不管網路動態如何，它都是常數。一個節點可能集中在中間中心性或另一個中心度量，但在滲流網路環境下，可能不是「集中」的。滲流中心性[9] 定義為對一個給定的節點 i，在給定的時間，

經過該節點「滲流路徑」的比例，一個「滲流路徑」是一對節點之間的最短路徑。

$$C_P^t(i) = \frac{1}{N-2} \sum_{j \neq i \neq k} \frac{n_{jk}(i)}{n_{jk}} \times \frac{x_j^t}{\sum |x_k^t| - x_i^t}$$

式中　n_{jk}——連接節點 j 和 k 之間的所有路徑數；

　　$n_{jk}(i)$——連接節點 j 和 k 之間包含節點 i 的所有路徑數。

節點 i 在時間 t 的滲流狀態表示為 x_i^t，存在兩種特殊的情形：$x_i^t = 0$ 表示在時間 t 是一個不擴散狀態，而 $x_i^t = 1$ 表示在時間 t 是一個全擴散狀態。中間的值表明是一個部分擴散狀態。

（12）cross-clique 中心性

一個節點 i 的 cross-clique 中心性定義為這個節點所在團的個數。在一個複雜的網路中，單個節點的 cross-clique 中心性確定了一個節點到不同團的連通性。一個具有高 cross-clique 連通性的節點促進資訊或疾病的傳播。這一度量在文獻［10］中被使用，但卻在 1998 年，由 Everett 和 Borgatti[11] 首先引出，他們稱其為團-重合中心性。

文獻［12］中的作者提出了度量節點聚集程度的新指數——集團度。這是度分布的擴展，並且可以用來度量網路的團密度。

定義 9-1　一個節點 i 的 m-團（含有 m 個節點的團）度指的是包含節點 i 的不同 m-團的個數，記為 $k_i^{(m)}$。很明顯 $k_i^{(2)}$ 表示的是節點 i 的度，見圖 9-4。

$$k_i^{(2)} = 7,\ k_i^{(3)} = 5,\ k_i^{(4)} = 1,\ k_i^{(5)} = 0$$

圖 9-4　8 個節點的網路

他們分析了大量真實網路，例如 P. aeruginosa 的代謝網路、全球資訊網、數學家的協作網路、酵母的蛋白質-蛋白質相互作用網路等，發現這些網路的集團度都具有冪律分布。新的拓撲屬性的發現加速了網路科學的發展。這些實證研究不僅揭示了網路的新的統計特徵，而且為判斷進化模型的有效性提供了有用的標準。集團度，可以被考慮作為度的延伸，在度量模體的密度上很有用。這樣的子單元不僅僅在控制動態行為上發揮了重要作用，而且也涉及了基本的進化特徵。

（13）Freeman 中心性

令 $C_x(i)$ 表示節點 i 的任一中心度量，$C_x(*)$ 是這個網路所有節

點中該度量的最大值，$\max\sum_{i=1}^{N}[C_x(*)-C_x(i)]$ 表示在所有 N 個節點的網路中的最大差和值，然後這個網路的 Freeman 中心性定義為[13]

$$C_x = \frac{\sum_{i=1}^{N}[C_x(*)-C_x(i)]}{\max\sum_{i=1}^{N}[C_x(*)-C_x(i)]}$$

9.2 網路複雜性

量化網路的「複雜性」可能是有趣的。格子和其他規則結構以及純隨機的網路一般具有小的複雜性值。Machta B 和 Machta J[14] 提出了用網路生成平行算法[15] 的計算複雜度作為網路模型的複雜性測量。如果對階為 $O(f(N))$ 的網路的生成有一個已知的平行算法，其中 $f(x)$ 是一個給定的函數，那麼這個網路模型的複雜度被定義為 $O(f(N))$。例如，Barabási-Albert 網路可以在 $O(\log\log(N))$ 個平行步驟[14] 生成。

Meyer-Ortmanns[16] 將網路的複雜性與透過分裂節點和在新節點之間劃分原始節點的邊生成的拓撲非等價圖的數目聯繫起來，注意為了確保生成有效的圖，這些變換需要受到某些約束的限制。

由 Claussen[17] 提出的非對角線複雜度定義為一個特定點-點邊關聯矩陣的熵。這個矩陣中指標為 $(k，l)$ 的元素（僅使用 $k>l$ 的值）表示連接度為 k 的節點到度為 l 的節點的所有邊的數目。

9.3 統計度量

描述數據分布特徵的統計量可分為 4 類：①表示數量的中心位置；②表示數量的離散程度；③表示偏離對稱的程度；④表示數據集中，離心程度。

9.3.1 度量集中趨勢的平均指標

平均指標是說明社會經濟現象一般水準的統計指標，反映標誌值分布的集中趨勢。平均指標按計算方式可分為數值平均數和位置平均數兩大類。

數值平均數是根據總體各單位所有標誌值計算出的平均數，包括算術平均數、幾何平均數。算術平均數（$\overline{X}$）的基本公式：

$$算數平均數 = \frac{總體單位標誌總量}{總體單位總數}$$

當統計資料是各時期的發展速度等前後期的兩兩環比數據，要求每時期的平均發展速度時，就需要使用幾何平均數。幾何平均數是 n 個數連乘積的 n 次方根。

位置平均數是根據總體標誌值所處的特殊位置確定的一類平均指標，包括中位數和眾數兩種。將總體各單位標誌值按從小到大的順序排列後處於中間位置的標誌值稱為中位數，記為 M_e。中位數是一種位置平均數，不受極端數據的影響。當統計資料中含有異常的或極端的數據時，中位數比算數平均數更具有代表性。眾數是總體中出現次數最多的標誌值，記為 M_0。眾數明確反映了數據分布的集中趨勢，也是一種位置平均數，不受極端數據的影響。但並非所有數據集合都有眾數，也可能存在多個眾數。在某些情況下，眾數是一個較好的代表值。

算數平均數和位置平均數間具有如下的關係（見圖 9-5）：

頻數分布呈完全對稱的單峰分布時，算數平均數、中位數和眾數三者相同；頻數分布為右偏態時，眾數小於中位數，算數平均數大於中位數；頻數分布為左偏態時，眾數大於中位數，算數平均數小於中位數。

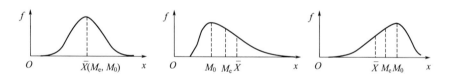

圖 9-5　算數平均數和位置平均數間的關係

9.3.2　度量離散程度的指標

要分析總體的分布規律，僅瞭解中心趨勢指標是不夠的，還需要瞭解數據的離散程度或差異狀況。幾個總體可以有相同的均值，但取值情況卻可以相差很大。變異指標就是用來表示數據離散程度特徵的。變異指標主要有：極差、平均差、標準差、變異係數和 Z 值。極差也稱全距，是一組數據的最大值和最小值之差，通常記為 R。顯然，一組數據的差異越大，其極差也越大。極差是最簡單的變異指標，但極差有很大的局限性，它僅考慮了兩個極端的數據，沒有利用其餘數據的資訊，因而是一種比較粗糙的變異指標。平均差是各數據與其均值離差絕對值的算數

平均數，通常記為

$$A \cdot D = \frac{1}{N} \sum |X_i - \overline{X}|$$

平均差越大，反映數據間的差異越大。但由於使用了絕對值，其數學性質很差，因而很少使用。方差和標準差是應用最為廣泛的變異指標。標準差是方差的算術平方根，也稱均方差和根方差。總體方差是各總體數據與其均值差平方的均值，記為 σ^2，總體標準差記為 σ。樣本方差記為 S^2，樣本標準差記為 S，在推斷統計中，它們分別是總體方差和標準差的優良估計。變異係數 $CV = \frac{S}{X} \times 100\%$。$Z$ 值 $Z = \frac{X - \overline{X}}{S}$。通常，$Z$ 值小於 -3.0 或大於 $+3.0$ 時，認為數據中含有極端值。

9.3.3 度量偏差程度的指標

偏差係數是度量偏差程度的指標，不分組數據的偏度係數主要有以下兩種計算方法：用標準差為單位計量的偏度係數，記為 SK，計算公式為

$$SK = \frac{\overline{X} - M_0}{\sigma}$$

SK 是無量綱的量，取值通常在 $-3 \sim +3$ 之間，其絕對值越大，表明偏斜程度越大。當分布呈右偏態時，$SK > 0$，故也稱正偏態；當分布為左偏態時，$SK < 0$，故也稱負偏態。但除非是分組頻數分布數據，否則 SK 公式中的眾數 M_0 有很大的隨機性。使用三階中心矩計量的偏度係數，該偏度係數是用三階中心矩除以標準差的三次方來度量偏斜程度，$\alpha = \frac{m^3}{\sigma^3}$。其中 $m^3 = \frac{1}{N} \sum (X_i - \overline{X})^3$ 稱為三階中心矩。偏度係數 α 適用任何數據。α 和 SK 的計算方法不同，因此根據同一資料計算的結果也不相同。

9.3.4 度量兩種數值變量關係的指標

協方差度量兩數值變量間的線性關係：

$$\text{cov}(X,Y) = \frac{\sum_{i=1}^{N} (X_i - \overline{X})(Y_i - \overline{Y})}{N - 1}$$

協方差指出兩數值變量是否線性聯繫或相關。當相關係數接近 $+1$ 或 -1，兩變量間有很強線性相關。當相關係數接近 0，則幾乎不相關。相關係數

指出數據是否正相關或負相關。強相關不說明因果，只是說明數據之間的趨勢。

9.4 社團等同度量

社交網路中的社團結構是指社交網路中的節點通常呈現出一定的社團劃分，表示為 $C = \{C_1, C_2, \cdots, C_k\}$。滿足 $\bigcup_{i=1}^{k} C_i = V$，且對於任意的 $i \neq j$，滿足 C_i、C_j 內部節點連接緊密且節點的屬性取值相對一致，而 C_i、C_j 間的連接稀疏且屬性取值較為分散。非重疊社團結構是指網路中的每個節點僅屬於一個社團，社團間不存在重疊，即對於任意的 $i \neq j$，$C_i \bigcap C_j = \varnothing$。而在重疊社團結構中，允許節點同時屬於多個社團，即對於任意的 $i \neq j$，允許 $C_i \bigcap C_j \neq \varnothing$。識別網路中的社團是一個複雜的問題，因為存在大量的對社團的不同定義以及一些社團檢測算法的複雜性。最近，在社團檢測領域已經發表幾個綜述[18~22]。

9.4.1 非重疊社團度量

在探索網路社團結構的過程中，描述性的定義無法直接應用。因此 Girvan 和 Newman 定義了模組化函數[23]，定量地描述網路中的社團，衡量網路社團結構的劃分。所謂模組化是指網路中連接社團結構內部節點的邊所占的比例與另外一個隨機網路中連接社團結構內部節點的邊所占比例的期望值相減得到的差值。這個隨機網路的構造方法為：保持每個節點的社團屬性不變，節點間的邊根據節點的度隨機連接。如果社團結構劃分得好，則社團內部連接的稠密程度應高於隨機連接網路的期望水準。用 Q 函數定量描述社團劃分的模組化水準。

對於一個給定的實際網路，假設找到了一種社團劃分，C_i 為節點 i 所屬的社團，則網路中社團內部連邊所占比例可以表示成

$$\frac{1}{2M} \sum_{ij} a_{ij} \delta(C_i, C_j)$$

式中　$\boldsymbol{A} = (a_{ij})$——實際網路的鄰接矩陣；

　　　$\delta(C_i, C_j)$——δ 函數，即 $C_i = C_j$ 時值等於 1，否則等於 0；

　　　M——網路的總邊數。

在社團結構固定，邊隨機連接的網路中，i，j 兩點間存在連邊的可能性為 $\dfrac{d(i)d(j)}{2M}$，所以 Q 函數的表達式[24] 為

$$Q = \frac{1}{2M} \sum_{ij} \left[a_{ij} - \frac{d(i)d(j)}{2M} \right] \delta(C_i, C_j)$$

Q 函數還有另一種表達方法[23]。如果網路被劃分為 n 個社團，那麼定義 $n \times n$ 的對稱矩陣 e，其中的元素 e_{VW} 表示連接社團 V 與社團 W 之間的連邊占整個網路邊數的比例，有

$$e_{VW} = \frac{1}{2M} \sum_{ij} a_{ij} \delta(C_i, V) \delta(C_j, W)$$

這個矩陣的跡 $\mathrm{tr}(e) = \sum_V e_{VV}$ 表示網路中所有連接社團內部節點的邊占網路總邊數的比例。定義行（或列）的加總值

$$a_V = \sum_W e_{VW} = \frac{1}{2M} \sum_i k_i \delta(C_i, V)$$

表示所有連接社團 V 中的節點的邊占總邊數的比例。注意到

$$\delta(C_i, C_j) = \sum_{ij} \delta(C_i, V) \delta(C_j, V)$$

從而，Q 函數可以表達為

$$
\begin{aligned}
Q &= \frac{1}{2M} \sum_{ij} \left(a_{ij} - \frac{k_i k_j}{2M} \right) \sum_V \delta(C_i, V) \delta(C_j, V) \\
&= \sum_V \left[\frac{1}{2M} \sum_{ij} a_{ij} \sum_V \delta(C_i, V) \delta(C_j, V) - \frac{1}{2M} \sum_i k_i \delta(C_i, V) \frac{1}{2M} \sum_j k_j \delta(C_j, V) \right] \\
&= \sum_V (e_{VV} - a_V^2) \\
&= \mathrm{tr}(e) - \| e^2 \|
\end{aligned}
$$

式中　$\| e^2 \|$——矩陣 e^2 的模，即 e^2 中元素的模的總和。

同時，Q 函數的另一等價表示方式為

$$Q = \sum_{V=1}^{n} \left[\frac{l_V}{M} - \left(\frac{d_V}{2M} \right)^2 \right]$$

式中　l_V——社團 V 中內部連邊的數目；

$\quad\quad d_V$——社團 V 的總度值。

給定一個網路，不同的社團分割所對應的模組化值一般也是不一樣的。如果社團內部節點間的邊沒有隨機連接得到的邊多，則 Q 函數的值為負數。相反，當 Q 函數的值接近 1 時，表明相應的社團結構劃分得很好。一個給定網路的模組化的最大社團分割稱為該網路的最優分割，對應的模組化值記為 $Q_{\max}$，並且有 $0 \leqslant Q_{\max} < 1$。實際應用中，$Q_{\max}$ 一般在 $0.3 \sim 0.7$ 的範圍內，更大的值很少出現。在社團結構的劃分過程中，計算每一種劃分所對應的模組化值，並找出最優分割（通常會有一兩個），這就是最好或最接近期望的社團結構劃分方式（見圖 9-6）。

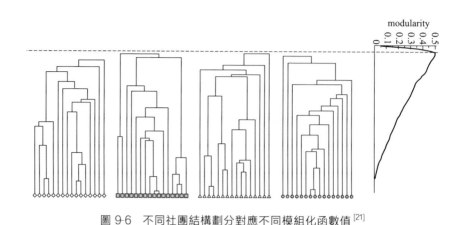

圖 9-6　不同社團結構劃分對應不同模組化函數值[21]

9.4.2 重疊社團度量

對於重疊社團結構，文獻 [25] 依據網路中每條邊的起點和終點所屬的社團數將其對模組度的影響進行均分，提出了一種基於模組度的擴展評價方法：EQ 函數。

$$EQ = \frac{1}{2M} \sum_i \sum_{v,w \in C_i} \frac{1}{O_v O_w} \left[a_{vw} - \frac{d(v)d(w)}{2M} \right]$$

式中　　M——網路的總邊數；

　　　　O_v——節點 v 所屬的社團數；

$\mathbf{A} = (a_{vw})$——網路的鄰接矩陣。

當要計算的社團結構中每個節點僅屬於一個社團時，EQ 函數歸為模組度 Q 函數，而當整個網路中所有的節點都屬於同一個社團時，EQ 的值為 0。EQ 的值越高，表示社團劃分結果越好。

9.5　同步現象

同步是廣泛存在於自然界以及人類活動中的一種現象。例如螢火蟲同步閃爍、心臟細胞的同步振動、神經細胞的同步放電等都是同步現象[26]。同時，在現實生活中同步也起著重要的作用，如在雷射、超導以及資訊傳播等領域。對於一個簡單有序的系統來說，同步比較容易實現。但對於複雜網路來說，由於拓撲結構複雜性，或是節點動力學的非線性

混沌性質，使得複雜網路的同步相對較難實現。

　　對同步的研究可以追溯到 1665 年荷蘭物理學家 Huygens（惠更斯）對於兩個掛鐘同步擺動的有趣現象的觀察：兩個鐘擺不管從什麼不同的初始位置出發，經過一段時間以後它們總會趨向於同步擺動[27]。1680 年，荷蘭旅行家 Kempfer 在泰國湄南河上發現了螢火蟲同步閃光的有趣現象。Winfree 將同步問題簡化為相位變化問題，深入研究了多個耦合振子之間的同步問題。Kuramoto 深入探討了有限個恆等振子的耦合同步問題。Wu 深入研究了各種耦合映象格子和細胞神經網路的同步問題[28~30]。上述這些網路的一個典型特徵就是具有規則的拓撲結構。最近，人們深入探討了各種小世界和無標度網路的同步問題[26~28,31~33]。Chen 和 Duan[34] 從圖理論方法談到了複雜網路同步性的基本問題。一些參數被用於估計網路的同步性：中間性[35]，平均距離[36]，社團結構[37]，子結構[38]。汪小帆教授和陳關榮教授[32,33,39,40] 提出了透過特徵值分析度量網路同步能力的方法，該方法現在已經成為了該領域的少數幾種經典度量方法之一。關於這個主題更多的結果參看文獻 [41~43]。

參考文獻

[1] Wasserman S, Faust K. Social Network Analysis: Methods and Applications [M]. Cambridge: Cambridge University Press, 1994.

[2] Scott J. Social Network Analysis[M]. London: Sage, 2017.

[3] Dangalchev C. Residual Closeness in Networks[J]. Physica A: Statistical Mechanics and its Applications, 2006, 365 (2): 556-564.

[4] Freeman L C. A Set of Measures of Centrality Based on Betweenness[J]. Sociometry, 1977, 40: 35-41.

[5] Bonacich P. Factoring and Weighting Approaches to Status Scores and Clique Identification[J]. The Journal of Mathematical Sociology, 1972, 2 (1): 113-120.

[6] Katz L. A New Status Index Derived from Sociometric Analysis [J]. Psychometrika, 1953, 18 (1): 39-43.

[7] Fortunato S, Latora V, Marchiori M. Method to Find Community Structures Based on Information Centrality[J]. Physical Review E, 2004, 70 (5): 056104.

[8] Estrada E, Rodriguez-Velazquez J A. Subgraph Centrality in Complex Networks [J]. Physical Review E, 2005, 71 (5): 056103.

[9] Piraveenan M, Prokopenko M, Hossain L. Percolation Centrality: Quantifying

Graph-Theoretic Impact of Nodes During Percolation in Networks[J]. PLOS ONE, 2013, 8（1）: e53095.

[10] Faghani M R, Nguyen U T. A Study of XSS Worm Propagation and Detection Mechanisms in Online Social Networks[J]. IEEE Transactions on Information Forensics and Security, 2013, 8（11）: 1815-1826.

[11] Everett M G, Borgatti S P. Analyzing Clique Overlap [J]. Connections, 1998, 21（1）: 49-61.

[12] Xiao Weike, Ren Jieren, Feng Qi, Song Zhiwei, Zhu Mengxiao, Yang Hongfeng, Jin Huiyu, Wang Binghong, Zhou Tao. Empirical Study on Clique-Degree Distribution of Networks[J]. Physical Review E, 2007, 76（3）: 037102.

[13] Freeman L C. Centrality in Social Networks Conceptual Clarification[J]. Social Networks, 1978, 1（3）: 215-239.

[14] Machta B, Machta J. Parallel Dynamics and Computational Complexity of Network Growth Models[J]. Physical Review E, 2005, 71（2）: 026704.

[15] Codenotti B, Leoncini M. Introduction to Parallel Processing [M]. London: Addison-Wesley, 1992.

[16] Meyer-Ortmanns H. Functional Complexity Measure for Networks [J]. Physica A, 2004, 337（3-4）: 679-690.

[17] Claussen J C. Offdiagonal complexity: A Computationally Quick Complexity Measure for Graphs and Networks[J]. Physica A: Statistical Mechanics and its Applications, 2007, 375（1）: 365-373.

[18] Fortunato S. Community Detection in Graphs[J]. Physics Reports, 2010, 486（3）: 75-174.

[19] Coscia M, Giannotti F, Pedreschi D. A Classification for Community Discovery Methods in Complex Networks[J]. Statistical Analysis and Data Mining, 2011, 4（5）: 512-546.

[20] Li Xiaojia, Zhang Peng, Di Zengru, Fan Ying. Community Structure in Complex Networks[J]. Complex Systems and Complexity Science, 2008, 5（3）: 19-42.

[21] Malliaros F D, Vazirgiannis M. Clustering and Community Detectionin Directed Networks: A Survey[J]. Physics Reports, 2013, 533（4）: 95-142.

[22] Harenberg S, Bello G, Gjeltema L, Ranshous S, Harlalka J, Seay R, Padmanabhan K, Samatova N. Community Detection in Large Scale Networks: A Survey and Empirical Evaluation[J]. WIREs Computational Statistics, 2014, 6（6）: 426-439.

[23] Newman M E J, Girvan M. Finding and Evaluating Community Structure in Networks[J]. Physical Review E, 2004, 69（2）: 026113.

[24] Park J, Newman M E J. The Origin of Degree Correlations in the Internet and Other Networks[J]. Physical Review E, 2003, 68（2）: 026112.

[25] Shen Huawei, Cheng Xueqi, Cai Kai, et al. Detect Overlapping and Hierarchical Community Structure in Networks [J]. Physica A: Statistical Mechanics and its Applications, 2009, 388（8）: 1706-1712.

[26] Strogatz S. Sync: The Emerging Science of Spontaneous Order [M]. New York: Hyperion, 2003.

[27] 陳關榮. 網路同步. //郭雷, 許曉鳴. 複雜網路[M]. 上海: 上海科技教育出版社, 2006.

[28] Wu Chai Wah. Synchronization in Coupled Chaotic Circuits and Systems [M]. Singapore: World Scientific, 2002.

[29] Wu Chai Wah. Synchronization in Networks of Nonlinear Dynamical Systems Coupled via a Directed Graph[J]. Nonlinearity, 2005, 18（3）: 1057.

[30] Wu Chai Wah. Perturbation of Coupling Matrices and Its Effect on the Synchronizability in Arrays of Coupled Chaotic Systems[J]. Physics Letters A, 2003, 319（5）: 495-503.

[31] Boccaletti S, Kurths J, Osipov G, Valladaresbe D L, Zhou C S. The Synchronization of Chaotic Systems [J]. Physics Reports, 2002, 366（1）: 1-101.

[32] Wang Xiaofan, Chen Guanrong. Complex Networks: Small-World, Scale-Free and Beyond [J]. IEEE Circuits and Systems Magazine, 2003, 3（1）: 6-20.

[33] 汪小帆, 李翔, 陳關榮. 複雜網路理論及其應用 [M]. 北京: 清華大學出版社, 2006.

[34] Chen Guanrong, Duan Zhisheng. Network Synchronizability Analysis: A Graph-Theoretic Approach[J]. Chaos, 2008, 18（3）: 037102.

[35] Watts D J, Strogatz S H. Collective Dynamics of 'Small-World' Networks[J]. Nature, 1998, 393（6684）: 440-442.

[36] Zhao Ming, Zhou Tao, Wang Binghong, Yan Gang, Yang Huijie. Effects of Average Distance and Heterogeneity on Network Synchronizability[J]. arXiv: cond-mat/0510332v1.

[37] Zhou Tao, Zhao Ming, Chen Guanrong, Yan Gang, Wang Binghong. Phase Synchronization on Scale-Free Networks with Community Structure [J]. Physics Letters A, 2007, 368（6）: 431-434.

[38] Duan Zhisheng, Liu Chao, Chen Guanrong. Network Synchronizability Analysis: The Theory of Subgraphs and Complementary Graphs[J]. Physica D: Nonlinear Phenomena, 2008, 237（7）: 1006-1012.

[39] Wang Xiaofan, Chen Guanrong. Synchronization in Scale-Free Dynamical Networks: Robustness and Fragility[J]. IEEE Transactions on Circuits and Systems I, 2002, 49（1）: 54-62.

[40] Wang Xiaofan, Chen Guanrong. Synchronization in Small-World Dynamical Networks[J]. International Journal of Bifurcation and Chaos, 2002, 12（01）: 187-192.

[41] Cao Jinde, Lu Jianquan. Adaptive Synchronization of Neural Networks with or without Time-Varying Delay[J]. Chaos, 2006, 16（1）: 013133.

[42] Yu Wenwu, Cao Jinde, Lu Jianquan. Global Synchronization of Linearly Hybrid Coupled Networks with Time-Varying Delay[J]. SIAM Journal on Applied Dynamical Systems, 2008, 7（1）: 108-133.

[43] Zhao Ming, Chen Guanrong, Zhou Tao, Wang Binghong. Enhancing the Network Synchronizability[J]. Frontiers of Physics in China, 2007, 2（4）: 460-468.

第10章

複雜網路度量的
相關應用

複雜網路度量的引入是為了人們能夠更好認識、識別和刻畫複雜網路。本章將從幾個例子來說明複雜網路度量的一些應用。

10.1 網路度量的極值問題

10.1.1 具有極值 Randić 指標的圖

在第 5 章中，介紹了一個圖 G 的 Randić 指標為

$$R = R(G) = \sum_{u \sim v} \frac{1}{\sqrt{d(u)d(v)}} \tag{10-1}$$

這里的和取遍圖 G 的所有相鄰點對。

Bollobás 和 Erdös[1] 得到下述結果。

定理 10-1 在沒有孤立點的固定頂點數目的圖中，星圖具有極小的 Randić 指標。

Fajtlowicz[2,3] 闡述了獲得極大 Randić 指標的圖。

定理 10-2 在固定頂點數目的圖中，所有連通分支都正則的圖具有極大的 Randić 指標。

Pavlović 和 Gutman[4] 基於線性規劃，用完全不同於 Bollobás 和 Erdös[1]，以及 Fajtlowicz[2,3] 的證明方法，推導出了上述兩個定理，下面簡述其證明。

令 G 是 n 階圖，很顯然 G 的最大可能點度為 $n-1$，記 m_{ij} 為連接度為 i 和度為 j 的點對的邊數，則式(10-1) 可重寫為

$$R(G) = \sum_{1 \leqslant i \leqslant j \leqslant n-1} \frac{m_{ij}}{\sqrt{ij}} \tag{10-2}$$

由 Randić 指標的定義，可直接得到下述引理：

引理 10-1 如果圖 G 包含連通分支 G_1，G_2，…，G_p，則
$$R(G) = R(G_1) + R(G_2) + \cdots + R(G_p)$$

因為對於星圖，除了 $i=1$，$j=n-1$ 時，$m_{1,n-1}=n-1$，其餘情形 $m_{i,j}=0$，所以

引理 10-2 令 S_n 是 n 階星圖，則 $R(S_n) = \sqrt{n-1}$。

引理 10-3 令 G 是 $r(r>0)$ 正則的 n 階圖，則 $R(G)=n/2$。

結合引理 10-1 和 10-3，有

引理 10-4 令 G 是 n 階圖，並且所有連通分支均為正則圖，則

$R(G) = n/2$。

定理 10-1 的證明 令 G 為連通 n 階圖，記 n_i 為度為 i 的頂點數目，則 $n_0 = 0$，

$$n_1 + n_2 + \cdots n_{n-1} = n \tag{10-3}$$

對 $i = 1, 2, \cdots, n-1$，計算與度為 i 的頂點關聯的邊數，則有

$$\sum_{j=1}^{n-1} m_{ij} + m_{ii} = in_i \tag{10-4}$$

直接驗證可得定理 10-1 對 $n = 2, 3$ 成立，於是下面假設 $n \geqslant 4$。

對於固定的 n 值，關係式(10-3) 和式(10-4) 可以看作是關於未知量 n_i 和 m_{ij} 的 n 的線性方程的一個系統。很明顯，所有這些方程都是線性獨立的。對於 $i = 2, \cdots, n-2$，每個 n_i 可以由式(10-4) 直接表示為

$$n_i = \frac{1}{i} \left(\sum_{j=1}^{n-1} m_{ij} + m_{ii} \right) \tag{10-5}$$

於是可以得到關於未知量 n_1、n_{n-1} 和 $m_{1,n-1}$ 的三個線性方程：

$$n_1 - m_{1,n-1} = \sum_{j=1}^{n-2} m_{1j} + m_{11}$$

$$(n-1)n_{n-1} - m_{1,n-1} = \sum_{j=2}^{n-1} m_{j,n-1} + m_{n-1,n-1}$$

$$n_1 + n_{n-1} = n - \sum_{i=2}^{n-2} \frac{1}{i} \left(\sum_{j=1}^{n-1} m_{ji} + m_{ii} \right)$$

直接計算可得

$$m_{1,n-1} = n - 1 - \sum {}^* \frac{n-1}{n} \left(\frac{1}{i} + \frac{1}{j} \right) m_{ij} \tag{10-6}$$

式中 $\sum {}^*$ ——對所有滿足 $1 \leqslant i \leqslant j \leqslant n-1$ 的 i、j 求和，除了 $i = 1$，$j = n-1$。

將式(10-6) 代入式(10-2) 可以得到

$$R(G) = \sqrt{n-1} + \sum {}^* \left[\frac{1}{\sqrt{ij}} - \frac{\sqrt{n-1}}{n} \left(\frac{1}{i} + \frac{1}{j} \right) \right] m_{ij} \tag{10-7}$$

因為對 $i = 1$，$j = n-1$，有

$$\frac{1}{\sqrt{ij}} - \frac{\sqrt{n-1}}{n} \left(\frac{1}{i} + \frac{1}{j} \right) = 0 \tag{10-8}$$

所以式(10-7) 可被重寫為

$$R(G) = \sqrt{n-1} + \sum_{1 \leqslant i \leqslant j \leqslant n-1} \left[\frac{1}{\sqrt{ij}} - \frac{\sqrt{n-1}}{n} \left(\frac{1}{i} + \frac{1}{j} \right) \right] m_{ij}$$

$$\tag{10-9}$$

因為 m_{ij} 非負，並且對所有的 $1 \leqslant i \leqslant j \leqslant n-1$（除了 $i=1$，$j=n-1$），式(10-8) 取值為正，所以式(10-9) 獲得極小可能值當且僅當對所有的 $1 \leqslant i \leqslant j \leqslant n-1$（除了 $i=1$，$j=n-1$），$m_{ij}=0$。所以，對所有 n 階圖 G，$R(G)$ 的極小值為 $\sqrt{n-1}$，並且僅有 n 個頂點的星圖達到。證畢。

定理 10-2 的證明　結合式(10-3) 和式(10-4) 可得

$$n_{n-1} = n - \sum_{i=1}^{n-2} \frac{1}{i} \Big(\sum_{j=1}^{n-1} m_{ij} + m_{ii} \Big)$$

最終，由式(10-4) 可得

$$\sum_{j=1}^{n-2} m_{n-1,j} + 2m_{n-1,n-1} = (n-1)n_{n-1}$$

因此

$$m_{n-1,n-1} = \frac{1}{2}(n-1)\Big[n - \sum_{i=1}^{n-2} \frac{1}{i} \Big(\sum_{j=1}^{n-1} m_{ij} + m_{ii} \Big) \Big] - \frac{1}{2}\Big(\sum_{j=1}^{n-2} m_{n-1,j} \Big)$$

$$(10\text{-}10)$$

將式(10-10) 代入式(10-2) 可以得到

$$R(G) = \frac{2}{n} + \sum_{1 \leqslant i < j \leqslant n-1} \Big[\frac{1}{\sqrt{ij}} - \frac{1}{2}\Big(\frac{1}{i} + \frac{1}{j}\Big) \Big] m_{ij} \qquad (10\text{-}11)$$

可以看到對於 $i \neq j$，$\dfrac{1}{\sqrt{ij}} - \dfrac{1}{2}\Big(\dfrac{1}{i} + \dfrac{1}{j}\Big)$ 是負值。所以，等式(10-11) 是極大的，當且僅當對所有的 $1 \leqslant i < j \leqslant n-1$，$m_{ij}=0$。這意味著沒有孤立點的圖 G 的 Randić 指標是極大的當且僅當 G 沒有連接不同度頂點的邊，也即 G 的每個連通分支都是一個正則圖。

令 G' 是擁有 p 個孤立點的 n 階圖，從 G' 中刪除孤立點得到（$n-p$）-階圖 G''，由上述結果可知 $R(G'') \leqslant (n-p)/2$。由引理 10-1，有 $R(G') = R(G'')$。所以，所有 n 階圖的 Randić 指標都不超過 $n/2$。證畢。

10.1.2　關於基於度的廣義圖熵的極值

令 G 是具有度序列 $(d_1, d_2, \cdots, d_n)$ 的 n 階圖，P_n、S_n 和 C_n 分別表示具有 n 個頂點的路、星和圈。用 S_n^+ 表示在星 S_n 兩個懸掛點之間添加一條邊獲得的單圈圖；用 $C_{n,2}$ 表示在 $K_{1,n-3}$ 和 $K_{1,1}$ 兩個中心點之間加一個邊得到的雙星。Cao 等[5] 透過擴展香農熵引入下述基於度的圖熵（見第 6 章定義 6-3）：

$$I_f(G) = -\sum_{i=1}^{n} \frac{d_i^k}{\sum_{j=1}^{n} d_j^k} \log_2 \left(\frac{d_i^k}{\sum_{j=1}^{n} d_j^k} \right)$$

$$= \log_2 \left(\sum_{i=1}^{n} d_i^k \right) - \sum_{i=1}^{n} \frac{d_i^k}{\sum_{j=1}^{n} d_j^k} \log_2 d_i^k$$

這個熵被提出之後，在理論和應用方面它被進行了廣泛研究。

對任意的圖 G，Das 和史永堂教授[6] 給出了 $I_f(G)$ 的上界。

定理 10-3 令 G 是任意 n 階圖，則 $I_f(G) \leqslant I_f(H) = \log_2 n$，其中 H 是階為 n 的正則圖。

命題 10-1[7] 在所有階為 n 的樹中，對於 $\alpha > 1$ 或 $\alpha < 0$，路和星分別獲得最小和最大的 $\sum_{i=1}^{n} d_i^\alpha$ 值；然而對於 $0 < \alpha < 1$，星和路分別獲得最小和最大的 $\sum_{i=1}^{n} d_i^\alpha$ 值。

Cao 等[5] 對 $k=1$ 的特殊情形考慮了一些特殊圖類的極值。令 $G = (V, E)$ 是具有 n 個頂點、m 條邊的圖。當 $k=1$ 時，觀察到

$$I_f(G) = \log_2 \left(\sum_{i=1}^{n} d_i \right) - \sum_{i=1}^{n} \frac{d_i}{\sum_{j=1}^{n} d_j} \log_2 d_i$$

$$= \log_2 (2m) - \frac{1}{2m} \sum_{i=1}^{n} (d_i \log_2 d_i)$$

因此，對於給定邊數的這類圖，$I_f(G)$ 的極值僅僅由 $\sum_{i=1}^{n} (d_i \log_2 d_i)$ 的極值決定。

定理 10-4 令 T 是具有 n 個頂點的樹，並且 $k=1$，有 $I_f(T) \leqslant I_f(P_n)$，等式成立當且僅當 $T \cong P_n$；$I_f(T) \geqslant I_f(S_n)$，等式成立當且僅當 $T \cong S_n$。

定理 10-5 令 G 是具有 n 個頂點的單圈圖，並且 $k=1$，有 $I_f(G) \leqslant I_f(C_n)$，等式成立當且僅當 $G \cong C_n$；$I_f(G) \geqslant I_f(S_n^+)$，等式成立當且僅當 $G \cong S_n^+$。

在文獻 [5] 中，作者提出如下猜想。

猜想 10-1 令 T 是一棵 n 階樹，$k > 0$，則有

① $I_f(T) \leqslant I_f(P_n)$，等式成立當且僅當 $T \cong P_n$；

② $I_f(T) \geqslant I_f(S_n)$，等式成立當且僅當 $T \cong S_n$。

令 T 是一棵 n 階樹，s 表示 T 中葉子的數目，記 $t = \frac{2n-2-s}{n-s}$，其中 $2 \leqslant t \leqslant n-1$，

$$I_k(t) = \ln\left[n + \frac{n-2}{t-1}(t^k - 1)\right] - \frac{1}{n + \frac{n-2}{t-1}(t^k - 1)} \times \frac{n-2}{t-1} \times t^k \ln t^k$$

則猜想 10-1 等價於證明下面的不等式：

$$I_f(P_n) = I_k(2) \geqslant I_k(t) \geqslant I_k(n-1) = I_f(S_n) \qquad (10\text{-}12)$$

對 $k \geqslant 1$ 的情形，Ilic[8] 用拉格朗日乘子法[9] 證明瞭上述猜想。但對 $0 < k < 1$，Ilic[8] 透過對小的 k 值構造一族反例推翻了猜想 10-1 的②，並用 Jensen 不等式證明瞭①。

定理 10-6[8]　令 T 是一棵 n 階樹，則有

① 對 $k > 0$，$I_f(T) \leqslant I_f(P_n)$，等式成立當且僅當 $T \cong P_n$；

② 對 $k \geqslant 1$，$I_f(T) \geqslant I_f(S_n)$，等式成立當且僅當 $T \cong S_n$。

對 $0 < k < 1$，不等式（10-12）不成立，考慮完全 t-叉樹［每一個節點（除了葉子）都有 t 個「孩子」的有根樹］。一個具體的例子是：當 $n = 100$，$k = 0.01$，$t = 8$ 時，完全 8-叉樹具有 14 個葉子，可得

$$I_{0.01}(8) = 4.60514389444 < 4.60515941497 = I_{0.01}(99)$$

透過直接的數值驗證，對足夠小的 k，可以證明下述不等式：

$$I_k(3) < I_k(n-1)$$

對猜想 10-1 的②，Das 和史永堂教授[6] 證明瞭如下結果。

定理 10-7　令 T 是一棵不同構於 S_n 的 n 階樹，則 $I_f(T) \geqslant I_f(C_{n,2})$。

10.1.3 關於 HOMO-LUMO 指標圖的極值

令 G 是任意的 n 階簡單連通圖，其特徵值為 $\lambda_1 \geqslant \lambda_2 \geqslant \cdots \geqslant \lambda_n$。在線性代數和譜圖理論中，特別關注的是主特徵值 λ_1，被稱為圖的譜半徑，也研究了最小特徵值 λ_n 和第二個最大特徵值 λ_2。除了一些經典的界，剩下的特徵值有較少的研究結果。

圖 G 的中值特徵值為 λ_H、λ_L，其中 $H = \lfloor (n+1)/2 \rfloor$ 和 $L = \lceil (n+1)/2 \rceil$，它們在 π-電子系統的虎克分子軌道模型中起著重要的作用。圖 G 的 HOMO-LUMO 指標（HL-指標）定義為

$$R(G) = \max\{|\lambda_H|, |\lambda_L|\}$$

由 HL-指標和圖能量 $E(G)$（見定義 7-1）的定義，對一個 n 階簡單二部圖很容易可得 $0 \leqslant R(G) \leqslant E(G)/n$。李學良教授等[10] 證明瞭對一般的圖此上界也成立並且他們也對樹研究了 HL-指標。

定理 10-8　令 G 是任意的 n 階簡單連通圖，則有 $0 \leqslant R(G) \leqslant E(G)/n$。

證明　令 G 是任意的 n 階簡單連通圖，其特徵值為 $\lambda_1 \geqslant \lambda_2 \geqslant \cdots \geqslant \lambda_n$。記 $\sum \lambda_i^+$ 和 $\sum \lambda_i^-$ 分別為 G 的正特徵值和負特徵值之和，則有

$$E(G) = 2 \sum \lambda_i^+ = 2 \sum -\lambda_i^-$$

這里區分下面幾種情形來證明這個定理。

情形 1：$\lambda_{\lfloor \frac{n+1}{2} \rfloor} \geqslant \lambda_{\lceil \frac{n+1}{2} \rceil} \geqslant 0$。

於是 $R(G) = \lambda_{\lfloor \frac{n+1}{2} \rfloor}$，注意到

$$\frac{E(G)}{n} = \frac{2 \sum \lambda_i^+}{n} \geqslant \frac{\left\lfloor \dfrac{n+1}{2} \right\rfloor \lambda_{\lfloor \frac{n+1}{2} \rfloor}}{n/2} \geqslant \lambda_{\lfloor \frac{n+1}{2} \rfloor}$$

所以，在這種情形下有 $R(G) = \lambda_{\lfloor \frac{n+1}{2} \rfloor} \leqslant \dfrac{E(G)}{n}$。

情形 2：$0 \geqslant \lambda_{\lfloor \frac{n+1}{2} \rfloor} \geqslant \lambda_{\lceil \frac{n+1}{2} \rceil}$。

於是 $R(G) = -\lambda_{\lceil \frac{n+1}{2} \rceil}$，注意到

$$\frac{E(G)}{n} = \frac{2 \sum (-\lambda_i^-)}{n} \geqslant \frac{\left[n - \left(\left\lceil \dfrac{n+1}{2} \right\rceil - 1 \right) \right] \left(-\lambda_{\lceil \frac{n+1}{2} \rceil} \right)}{n/2}$$

因為 $n - \left(\left\lceil \dfrac{n+1}{2} \right\rceil - 1 \right) \geqslant \dfrac{n}{2}$，所以 $\dfrac{E(G)}{n} \geqslant -\lambda_{\lceil \frac{n+1}{2} \rceil}$。因此，$R(G) = -\lambda_{\lceil \frac{n+1}{2} \rceil} \leqslant \dfrac{E(G)}{n}$。

情形 3：$\lambda_{\lfloor \frac{n+1}{2} \rfloor} > 0$，$\lambda_{\lceil \frac{n+1}{2} \rceil} < 0$。

於是 $R(G) = \max \left\{ \lambda_{\lfloor \frac{n+1}{2} \rfloor}, -\lambda_{\lceil \frac{n+1}{2} \rceil} \right\}$，注意到

$$\frac{E(G)}{n} = \frac{2 \sum \lambda_i^+}{n} \geqslant \frac{\left\lfloor \dfrac{n+1}{2} \right\rfloor \lambda_{\lfloor \frac{n+1}{2} \rfloor}}{n/2} \geqslant \lambda_{\lfloor \frac{n+1}{2} \rfloor}$$

$$\frac{E(G)}{n} = \frac{2 \sum (-\lambda_i^-)}{n} \geqslant \frac{\left[n - \left(\left\lceil \dfrac{n+1}{2} \right\rceil - 1 \right) \right] \left(-\lambda_{\lceil \frac{n+1}{2} \rceil} \right)}{n/2} \geqslant -\lambda_{\lceil \frac{n+1}{2} \rceil}$$

所以，$R(G) = \max \left\{ \lambda_{\lfloor \frac{n+1}{2} \rfloor}, -\lambda_{\lceil \frac{n+1}{2} \rceil} \right\} \leqslant \dfrac{E(G)}{n}$。證畢。

定理 10-9　幾乎對每棵樹，都有 HL-指標為 0。

為了證明定理 10-9，需要下面幾個結果。

引理 10-5　如果二部圖 G 存在兩個頂點具有相同的鄰域，則 $R(G) = 0$。

引理 10-6 幾乎對所有的樹，度為 1 的頂點的數目漸近等於 $[0.438156 + o(1)]\,n$，並且度為 2 的頂點的數目漸近等於 $[0.293998 + o(1)]\,n$。

對一有根數的根節點新加一個頂點得到的樹稱為種植樹。用 $(1,2)$-邊表示端點度分別為 1，2 的邊。令 A_n 為 n 個頂點種植樹的數目，$p(x,u) = \sum\limits_{n \geqslant 1,\, k \geqslant 0} a_{n,k} x^k u^k$ 是這個生成函數，其中 $a_{n,k}$ 表示具有 n 個頂點，k 條 $(1,2)$-邊 的種植樹的數目。很明顯，$\sum_k a_{n,k} = A_n$。Otter[11] 證明瞭

$$A_n \leqslant \frac{1}{2} \begin{bmatrix} 1/2 \\ n \end{bmatrix} \cdot 4^n$$

在文獻 [12] 中證明瞭，對幾乎所有的樹，$(1,2)$-邊的數目是

$$\left[\frac{2}{x_0 b_0^2} w(1,2) + o(1) \right] n$$

式中　$x_0 \approx 0.3383219$；

$\quad\quad b_0 \approx 2.6811266$；

$\quad\quad w(1,2) = \sum_{k \geqslant 2} p(x_0^k, 1)$。

定理 10-10 幾乎對每棵樹，都存在兩個頂點附著到同一個頂點。

證明 由引理 10-6，幾乎對所有 n 階樹，度至少為 3 的頂點的數目小於 $0.267847n$。假設不存在一對葉子點連接到同一個頂點，則有至少 $0.1703n$ 個葉子連接到度為 2 的頂點，於是

$$p(x,1) = x^2 + x^3 + 2x^4 + 6x^5 + \cdots$$

$$\leqslant x^2 + x^3 + 2x^4 + 6x^5 + \sum_{n \geqslant 6} \frac{n}{2} \cdot A_n \cdot x^n$$

$$\leqslant x^2 + x^3 + 2x^4 + 6x^5 + \sum_{n \geqslant 6} \frac{n}{2} 4^{n-1} x^n$$

因為 $x_0 \approx 0.33832$，所以

$$\sum_{k \geqslant 2} p(x_0^k, 1) \leqslant \sum_{k \geqslant 2} \left(x_0^{2k} + x_0^{3k} + 2x_0^{4k} + 6x_0^{5k} + \sum_{n \geqslant 6} \frac{n}{2} 4^{n-1} x_0^{nk} \right)$$

$$< 0.018 + 1.01 \sum_{n \geqslant 6} \frac{n}{16} \cdot 0.5^{n-1} < 0.074$$

從而 $\dfrac{2}{x_0 b_0^2} w(1,2) < 0.074$，於是可以得到幾乎對所有的樹，$(1,2)$-邊的數目小於 $0.074n$，矛盾，所以假設不成立。

由引理 10-5 和定理 10-10，可直接得到定理 10-9 的結果。證畢。

10.2 網路度量在分子網路中的應用

10.2.1 虎克分子軌道理論

圖能量的研究可以追溯到 20 世紀 40 年代甚至 30 年代。在 20 世紀 30 年代，德國學者 Erich Hückel 提出了一種尋找一類有機分子薛丁格方程近似解的方法，即所謂的共軛烴。此方法的細節，通常被稱為虎克分子軌道（HMO）理論。

薛丁格方程為如下形式的二階偏微分方程：

$$\hat{H}\Psi = E\Psi \tag{10-13}$$

式中　Ψ——所考慮系統的波函數；

　　　$\hat{H}$——所考慮系統的哈密頓算子；

　　　E——所考慮系統的能量。

當應用到特定分子上時，薛丁格方程使人們能夠描述這個分子中電子的行為並建立它們的能量。為此，需要解決等式(10-13)，這顯然是哈密頓算子的特徵值-特徵向量問題。為了使式(10-13) 的解決方案是可行的，需要將 Ψ 表達為適當選擇的有限數量基函數的線性組合。如果是這樣，則等式(10-13) 轉換為

$$H\Psi = E\Psi$$

式中　H——哈密頓矩陣。

HMO 模型能夠近似地描述共軛分子中 π-電子的行為，特別是共軛烴。在圖 10-1 中，描述了苯二酚的化學式，它是一種典型的共軛烴，包含 12 個碳原子。

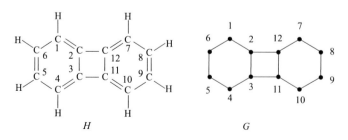

圖 10-1　苯二酚化學式（H是苯二酚，分子圖G表示的是碳原子骨架）

在 HMO 模型中，具有 n 個碳原子共軛烴的波函數可在 n 維正交基函數中展開，而哈密頓矩陣是一個 n 階方陣，定義為

$$[\boldsymbol{H}]_{ij} = \begin{cases} \alpha & \text{如果 } i = j \\ \beta & \text{如果原子 } i \text{ 和 } j \text{ 被化學地結合} \\ 0 & \text{如果原子 } i \text{ 和 } j \text{ 之間沒有化學鍵} \end{cases}$$

對所有共軛分子，參數 α 和 β 被假定為常數。

例如，苯二酚的 HMO 哈密頓矩陣為

$$\boldsymbol{H} = \begin{bmatrix} \alpha & \beta & 0 & 0 & 0 & \beta & 0 & 0 & 0 & 0 & 0 & 0 \\ \beta & \alpha & \beta & 0 & 0 & 0 & 0 & 0 & 0 & 0 & 0 & \beta \\ 0 & \beta & \alpha & \beta & 0 & 0 & 0 & 0 & 0 & 0 & 0 & 0 \\ 0 & 0 & \beta & \alpha & \beta & 0 & 0 & 0 & 0 & 0 & 0 & 0 \\ 0 & 0 & 0 & \beta & \alpha & \beta & 0 & 0 & 0 & 0 & 0 & 0 \\ \beta & 0 & 0 & 0 & \beta & \alpha & 0 & 0 & 0 & 0 & 0 & 0 \\ 0 & 0 & 0 & 0 & 0 & 0 & \alpha & \beta & 0 & 0 & 0 & \beta \\ 0 & 0 & 0 & 0 & 0 & 0 & \beta & \alpha & \beta & 0 & 0 & 0 \\ 0 & 0 & 0 & 0 & 0 & 0 & 0 & \beta & \alpha & \beta & 0 & 0 \\ 0 & 0 & \beta & 0 & 0 & 0 & 0 & 0 & \beta & \alpha & \beta & 0 \\ 0 & \beta & 0 & 0 & 0 & 0 & \beta & 0 & 0 & 0 & \beta & \alpha \end{bmatrix}$$

此矩陣也可表示為

$$\boldsymbol{H} = \alpha \boldsymbol{I}_n + \beta \boldsymbol{A}(G) \tag{10-14}$$

因此，在 HMO 模型中，需要解決形式(10-14) 的近似的哈密頓矩陣的特徵值-特徵向量問題。

作為等式(10-14) 一個結果，圖 G 中關於特徵值 λ_j 的 π-電子的能級 E_j 具有下述簡單的關係：

$$E_j = \alpha + \beta \lambda_j \; ; j = 1, 2, \cdots, n$$

另外，描述 π-電子在分子內部運動過程的分子軌道，與圖 G 的特徵向量 $\boldsymbol{\Psi}_j$ 相一致。

透過圖特徵值可以直接表達各種 π-電子性質，最重要的是全 π-電子能量、HOMO 的能量、LUMO 的能量和 HOMO-LUMO 分離或 HOMO-LUMO 差距。

在 HMO 近似中，所有 π-電子的總能量為

$$E_\pi = \sum_{j=1}^{n} g_j E_j$$

式中　g_j──占有數，即依照分子軌道 $\boldsymbol{\Psi}_j$ 運動的 π-電子數目。

關於 E_π 的細節和分子圖 G 的構建方式可以參看文獻 [13, 14]。

因為在共軛氫碳中，π-電子的數目等於 n，所以 $g_1 + g_2 + \cdots + g_n = n$。於是

$$E_\pi = \alpha n + \beta \sum_{j=1}^{n} g_j \lambda_j \tag{10-15}$$

等式(10-15) 中唯一的非平凡的部分是

$$E = \sum_{j=1}^{n} g_j \lambda_j \tag{10-16}$$

等式(10-16) 的右邊被稱為「全 π-電子能量」。

如果 π-電子的能量級被標記為非降序：

$$E_1 \leqslant E_2 \leqslant \cdots \leqslant E_n$$

則對於偶數 n

$$g_j = \begin{cases} 2 & \text{對 } j=1,2,\cdots,n/2 \\ 0 & \text{對 } j=n/2+1,n/2+2,\cdots,n \end{cases}$$

而對於奇數 n

$$g_j = \begin{cases} 2 & \text{對 } j=1,2,\cdots,(n-1)/2 \\ 1 & \text{對 } j=(n+1)/2 \\ 0 & \text{對 } j=(n+1)/2+1,(n+1)/2+2,\cdots,n \end{cases}$$

時，獲得的全 π-電子能量儘可能地低。

對於大多數（但不是全部）的化學相關案例

$$g_j = \begin{cases} 2 & \text{對 } \lambda_j > 0 \\ 0 & \text{對 } \lambda_j < 0 \end{cases} \tag{10-17}$$

如果是這樣，那麼等式(10-16) 就變成了

$$E = E(G) = 2 \sum \lambda_j^+$$

因為對所有的圖，特徵值的和為零，所以上述等式可重寫為

$$E = E(G) = \sum_{j=1}^{n} |\lambda_j| \tag{10-18}$$

基於對 HMO 全 π-電子能量的結構依賴關係的圖譜研究，成為數學化學中最多產的課題之一，得到了大量精確或近似的結果，並發表了數百篇論文。在 20 世紀 70 年代，Gutman 注意到，在此之前，對 HMO 全 π-電子能量獲得的所有結果都是在默認等式(10-17) 和等式(10-18) 有效的情況下，並且反過來，並不局限於 HMO 理論中遇到的分子圖，而是適用於所有圖。所以 Gutman[15] 給出了圖能量的定義（定義 7-1）。

等式(10-18) 和定義 7-1 的區別是等式(10-18) 有一個化學解釋，因此

圖 G 必須滿足幾個化學條件（例如，G 的最大度不能超過 3）。另一方面，定義 7-1 對所有圖都成立，數學家可以不受任何化學因素限制地研究它。

　　如果 n 是偶數，那麼第 $n/2$ 個圖特徵向量表示最高占據的分子軌道（HOMO），其能量是 $\lambda_{n/2}$。下一個特徵向量屬於最低的未被占據的分子軌道（LUMO），它的能量是 $\lambda_{n/2+1}$。那麼 HOMO-LUMO 分離是

$$\Delta_{HL} = \lambda_{n/2} - \lambda_{n/2+1}$$

　　如果 n 是奇數，情況更複雜，HOMO-LUMO 分離的一般概念在物理上是沒有意義的。與 $\lambda_{(n-1)/2}$ 對應的分子軌道被加倍占據，下一個對應於 $\lambda_{(n+1)/2}$ 的分子軌道是單獨占據的，而對應於 $\lambda_{(n+3)/2}$ 的則是最低的未被占據的。

　　HOMO 和 LUMO 的能量，以及它們的差與共軛分子的運動穩定性和反應性緊密相關。特別地，如果 $\Delta_{HL}=0$，那麼潛在的 π-電子系統就會被認為是非常活潑的，並且通常是不存在的。

10.2.2　苯系統和亞苯基的廣義 Randić 指標

　　著名的數學家 Bollobás 和 Erdős[1] 在 1998 年引入了廣義 Randić 指標的定義（見第 5 章）：

$$R_\alpha(G) = \sum_{u \sim v} [d(u)d(v)]^\alpha$$

　　一個苯系統（或六邊形系統）[16] 是一個連通的幾何圖，它透過在平面中排列全等的正則六邊形來獲得，因此，兩個六邊形要麼不交，要麼有一條共同的邊。這個圖將平面劃分為一個無限（外部）區域和若干有限的（內部）區域。所有的內部區域必須是有規律的六邊形。在理論化學中，苯系統是非常重要的，因為它們是苯類烴的自然圖表示。

　　亞苯基是一類化合物，碳原子形成 6 個和 4 個元素的圈。每個 4 元圈（正方形）相鄰於兩個不交的 6 元圈（六邊形），並且任何兩個六邊形都不相鄰。它們各自的分子圖也被稱為亞苯基。此外，含有 h 個六邊形的亞苯基有 $h-1$ 個正方形。

　　Zheng[17] 研究了一種渺位苯系統的廣義 Randić 指標，並描述了具有前三個極值廣義 Randić 指標的渺位苯系統。

　　對於一個 n 階簡單圖 G，令 m_{jk} 表示連接一個度為 j 和一個度為 k 的頂點的 (j, k)-邊的數目。於是圖 G 的廣義 Randić 指標可由 m_{jk} 表示為

$$R_\alpha(G) = \sum_{1 \leqslant j \leqslant k < n} m_{jk}(jk)^\alpha \tag{10-19}$$

苯系統（S）和亞苯基（PH）只包含 $(2,2)$-，$(2,3)$-和 $(3,3)$-邊，所

以等式(10-19) 可簡化為

$$R_a(G)=m_{22}4^a+m_{23}6^a+m_{33}9^a$$

在分子圖中，裂縫、海灣、峽谷、峽灣和潟湖都是分子圖周界的結構特徵，是各種類型的嵌入。如果沿著苯系統的周界，那麼裂縫、海灣、峽谷、峽灣和潟湖分別是由 2 個度為 2 的頂點之間連接 1、2、3、4 和 5 個連續的度為 3 的頂點形成的結構特徵。用 f、B、C、F、L 分別表示裂縫、海灣、峽谷、峽灣和潟湖的數目。注意，潟湖不可能出現在苯類中。用 $r=f+B+C+F+L$ 表示一個分子圖中嵌入的總數，用 $b=B+2C+3F$ 表示灣區域的數目，n_0 表示內部頂點的數目。

定理 10-11 ① 令 S 是具有 n 個頂點，h 個六邊形和 r 個嵌入的苯系統，則

$$R_a(S)=(n-2h-r+2) \cdot 4^a+2r \cdot 6^a+(3h-r-3) \cdot 9^a$$

如果 n_0 是 S 內部頂點的個數，則 $n=4h+2-n_0$，並且

$$R_a(S)=(2h-r-n_0+4) \cdot 4^a+2r \cdot 6^a+(3h-r-3) \cdot 9^a$$

② 令 PH 是具有 h 個六邊形和 r 個嵌入的亞苯基，則

$$R_a(PH)=(2h-r+4) \cdot 4^a+2r \cdot 6^a+(6h-r-6) \cdot 9^a$$

定理 10-12 對任意滿足 $2^{a+1}-3^a<0$ 的實數 a，具有 h 個六邊形的苯系統 S 具有最小的廣義 Randić 指標當且僅當 $n_0=b=0$。

定理 10-13 對任意滿足 $2^{a+1}-3^a \geqslant 0$ 的實數 a，具有 h 個六邊形的苯系統 S 具有最小的廣義 Randić 指標當且僅當 $n_0=2h+1+\lceil u \rceil$，$b=0$，此時

$$R^a(S)=6 \times 4^a+(2\lceil u \rceil-6) \times 6^a+(3h-\lceil u \rceil) \times 9^a$$

式中 $u=\sqrt{12h-3}$

Rada[18] 證明瞭在所有具有 h 個六邊形的渺位苯系統中 E_h（見圖 10-2）具有最大的廣義 Randić 指標。

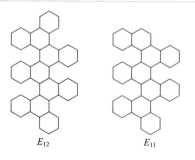

E_{12} $\qquad$ E_{11}

圖 10-2 渺位苯系統E_h

Wu 和 Deng[19] 將其擴展到所有圖，證明瞭如下定理。

定理 10-14　如果 α 是滿足 $2^{\alpha+1}-3^{\alpha}>0$ 的實數，S 是具有 h 個六邊形的苯系統，則

$$R_{\alpha}(S) \leqslant R_{\alpha}(E_h)$$

$$= 9^{\alpha}\left(h-1+\left\lfloor\frac{3h-6}{2}\right\rfloor\right)+6^{\alpha}\left(4h-2\left\lfloor\frac{3h-6}{2}\right\rfloor-4\right)+4^{\alpha}\left(\left\lfloor\frac{3h-6}{2}\right\rfloor+6\right)$$

10.3　網路度量在社會網路中的應用

社會網路是由許多節點以及節點間關係構成的一個網路結構。節點通常是指個人或組織（又稱社團）。社會網路代表各種社會關係，經由這些社會關係，把從偶然相識的泛泛之交到緊密結合的家人關係的各種人或組織串連起來。社會網路依賴於一種到多種關係而形成，如價值觀、理想、觀念、興趣愛好、友誼、血緣關係、共同厭惡的事物、衝突或貿易，由此產生的網路結構往往是非常複雜的。社會網路分析是用來查看節點、連接之間的社會關係的分析方式。節點是網路中的個人參與者，連接則是參與者之間的關係。節點之間可以有很多種連接。一些學術研究已經顯示，社會網路在很多層面運作，從家庭到國家層面都有，並扮演著關鍵作用，決定問題如何得到解決，組織如何運行，並在某種程度上決定個人能否成功實現目標。用最簡單的形式來說，社會網路是一張地圖，標示出所有與節點相關的連接。社會網路也可以用來衡量個人參與者的社會資本。這些概念往往顯示在一張社會網路圖上，其中節點是點狀，連接是線狀。

目前，社會網路分析作為一種跨多科學研究範式，已經成為社會學、物理學、生物學等多領域多學科的研究焦點，有廣泛的應用價值。對社會結構的研究也已經是各個領域學者的焦點，如徐媛媛[20] 等透過構建論文引用網路，運用社會網路分析中的密度、中心性指標、派系等，探索挖掘論文作者之間的合作模式和潛在關係。樊瑛[21] 等結合圖論、力學和統計學對合作競爭網路拓撲結構、力學共性等進行了研究，發現了網路拓撲共性上的統計規律，並提出了演化模型，最後還探索了社會網路中的社團結構和空間結構，有助於對社會行為作進一步分析。

在社會網路中，一項基本任務是需要鑒定一群人中哪些人比其他人更具有影響力，幫助研究人員分析和理解扮演者在網路中擔當的角色。為完成這種分析，這些人以及人與人之間的聯繫被模型化成網路圖，網路圖中的節點代表人，節點之間的連邊表示人與人之間的聯繫。基於建

立起來的網路結構圖，①計算該節點的度中心性以分析其直接影響力；②計算該節點的鄰近中心性以分析其透過社會網路對其他節點的間接影響力；③計算該節點的介數中心性以分析該節點對資訊流動的影響，即分析該節點對於社會網路中資訊流動的影響力。例如，在科學家合作研究網路中，人們利用中心性方法能度量出某個科學家在某個研究領域中的影響力。如果社會網路中的一個節點同時具備較大的度中心性、鄰近中心性以及介數中心性，則該節點所代表的個人在社會網路中必然具有較大的影響。

金融市場是這個時代最迷人、最複雜的系統之一。調查這樣的市場很重要，不僅因為一個越來越全球化的世界很大程度上依賴於對這些市場的謹慎監管，使其能夠正常運作，同時也因為人們可能會對複雜適應性系統的理解獲得卓有成效的有益見解。對於股票市場而言，金融網路的定義常常基於組合股票或公司的相關矩陣。然而，節點對應於股票，而邊則是從相關係數中獲得的，要麼是透過篩選，要麼是轉換映射。特別是，樹已經被進行了大量研究，因為最小生成樹的概念提供了從相關矩陣中提取樹的過程。

Dehmer 等[22] 用 4 種不同的度量方法對網路建設的時間規模進行了數值分析，使人們能夠在有意義的圖理論分析的基礎上，對股票市場的內在時間尺度獲得深入的見解。研究者的分析中使用了來自紐約證券交易所和納斯達剋的數據。更準確地說，他們使用了從 1986 年 7 月開始到 2007 年 12 月止由道瓊斯工業平均指數（DJIA）組成的 $N = 30$ 家公司的日收盤價。他們使用兩種不同的隨機化方案。第一個隨機化方案是變換日期 t（不是間隔時間）的標號，但保存股票的標號，也就是說，同時對所有的股票變換 P_t^i 和 $P_{t'}^i$，其中 P_t^i 表示股票 i（$1 \leqslant i \leqslant N$）在日期 t 的價格，稱這種隨機化為「inter-day」隨機化。第二種隨機化是變換日期和股票的標號，這就意味著獨立地對每支股票變換 P_t^i 和 $P_{t'}^{i'}$，稱這種隨機化為「intra-day」。圖 10-3、圖 10-4、圖 10-5 中的兩個圖分別顯示了「inter-day」（左）和「intra-day」（右）隨機化的結果。

Dehmer 等[22] 定義瞭如何為每個區間構造一個金融網路。首先他們將股票 i 在日期 t 的價格 P_t^i 的時間序列轉換為對數-返回值[23]：

$$x_t^i = \log_2 P_t^i - \log_2 P_{t-1}^i$$

從獲得的對數-返回值中計算出兩支股票 i 和 j 之間的皮爾遜產品-時刻相關係數

$$\rho_{ij} = \frac{E\left[(x^i - \mu^i)(x^j - \mu^j)\right]}{\sqrt{E(x^i - \mu^i)^2 E(x^j - \mu^j)^2}}$$

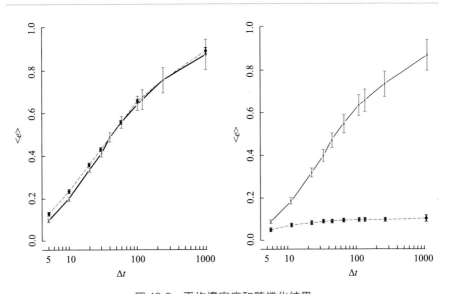

圖 10-3 平均邊密度和隨機化結果

平均邊密度 〈e〉（實線），虛線對應於一天內隨機化的結果

doi: 10. 1371/journal. pone. 0012884. g001

doi: 10. 1371/journal. pone. 0012884. g002

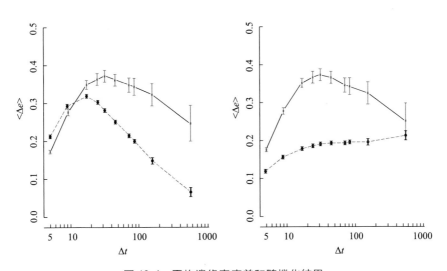

圖 10-4 平均邊緣密度差和隨機化結果

平均邊緣密度差 〈Δe〉（實線），虛線對應於一天內隨機化的結果

doi: 10. 1371/journal. pone. 0012884. g003

doi: 10. 1371/journal. pone. 0012884. g004

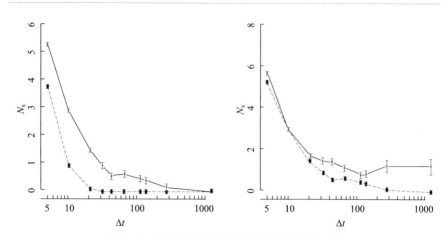

圖 10-5　不連通節點N_s的平均值和隨機化結果

不連通節點N_s的平均值（實線），虛線對應於一天內隨機化的結果

doi:　10. 1371/journal. pone. 0012884. g005

doi:　10. 1371/journal. pone. 0012884. g006

由樣本相關性估計的總體相關性 r_{ij}[24] 為

$$r_{ij} = \frac{\sum_t (x_t^i - \mu^i)(x_t^j - \mu^j)}{\sqrt{\sum_t (x_t^i - \mu^i)^2 \sum_t (x_t^j - \mu^j)^2}}$$

定義相關的網路

$$G_{ij} = \begin{cases} 1 & r_{ij} \neq 0 \\ 0 & \text{其他} \end{cases}$$

第一個度量透過計算網路的邊密度量化了系統範圍內相關性的強度

$$e^t = \frac{2}{N^2 - N} \sum_{i=1}^{N} \sum_{j>2} G_{ij}^t$$

式中　$N = 30$——$N = 30$，股票的數目；

e^t——網路 G^t 在時間點 t 的邊密度。

T 個網路的平均邊密度定義為 $\langle e \rangle = \frac{1}{T} \sum_{t=1}^{T} e^t$ 。

第二個度量是透過比較兩個連續的網路 G^t 和 G^{t+1} 得到的，稱為邊密度差 Δe^t，定義為

$$\Delta e^t = \frac{2}{N^2 - N} \sum_{i=1}^{N} \sum_{j>i} |G_{ij}^t - G_{ij}^{t+1}|$$

取自所有連續網路的平均邊密度差定義為 $\langle \Delta e \rangle = \dfrac{1}{T-1} \displaystyle\sum_{t=1}^{T-1} \Delta e^t$。注

意 Δe^t 的定義與圖編輯距離（見 8.3.1）相對應，這在定量圖分析中是一個眾所周知的圖度量。

用來量化網路結構修改的第三個度量是不連接到網路中的其他節點的節點數目，N_s，這些節點是孤立的，並與系統的其餘部分分離。

最後一個度量是平均的 kullback-leibler 散度，定義為

$$\langle D \rangle = \frac{1}{T} \sum_{t=1}^{T-1} D_t$$

式中　$D_t(p_t^d \mid p_{t+1}^d) = \displaystyle\sum_i p_t^d(i) \log_2 \dfrac{p_t^d(i)}{p_{t+1}^d(i)}$；

p_t^d 和 p_{t+1}^d——分別對應網路在時間 t 和 $t+1$ 的度分布。

透過對上述 4 個度量的分析，所得的結果表明，從超過 $10 \sim 40$ 個交易日的時間尺度，對應於 2 周～2 個月的區間，似乎對構建金融網路最為有利。使用一個更短或更長的時間尺度，導致網路要麼是非常非常稀疏的連通，即具有較大值的 N_s（見圖 10-5）或幾乎完全連通的網路（參閱圖 10-2）。顯然，網路的效用在很大程度上取決於所考慮的科學問題，然而，過短或過長的時間尺度似乎並不可取，因為網路的屬性通常都是非常極端的。

參考文獻

[1] Bollobás B, Erdös P. Graphs of Extremal Weights[J]. Ars Combinatoria, 1998, 50, 225-233.

[2] Fajtlowicz S. On Conjectures of Graffiti[J]. Discrete mathematics, 1988, 72（1-3）: 113-118.

[3] Fajtlowicz S. Written on the Wall; version 05-1998, regularly updated file accessible-from: siemion@math. uh. edu.

[4] Pavlović L, Gutman I. Graphs with Extremal Connectivity Index[J]. Novi Sad Journal of Mathematics, 2001, 31（2）: 53-58.

[5] Cao Shujuan, Dehmer M, Shi Yongtang. Extremality of Degree-Based Graph Entropies[J]. Information Sciences, 2014, 278: 22-33.

[6] Das K, Shi Yongtang. Some Properties on Entropies of Graphs [J]. MATCH Communications in Mathematical and in Computer Chemistry, 2017, 78（2）:

259-272.

[7] Gutman I, Polansky O E. Mathematical Concepts in Organic Chemistry[M]. Berlin: Springer, 1986.

[8] Ilić A. On the Extremal Values of General Degree-Based Graph Entropies[J]. Information Sciences, 2016, 370: 424-427.

[9] Bertsekas D P. Constrained Optimization and Lagrange Multiplier Methods[M]. New York: Academic Press, 1982.

[10] Li Xueliang, Li Yiyang, Shi Yongtang, Gutman I. Note on the HOMO-LUMO Index of Graphs[J]. MATCH Communications in Mathematical and in Computer Chemistry, 2013, 70 (1): 85-96.

[11] Otter R. The Number of Trees[J]. Annals of Mathematics, 1948, 49 (3): 583-599.

[12] Li Xueliang, Li Yiyang. The Asymptotic Value of the Randić Index for Trees [J]. Advances in Applied Mathematics, 2011, 47 (2): 365-378.

[13] Graovac A, Gutman I, Trinajstić N. Topological Approach to the Chemistry of Conjugated Molecules[M]. Berlin: Springer, 1977.

[14] Gutman I, Polansky O E. Mathematical Concepts in Organic Chemistry[M]. Berlin: Springer, 1986.

[15] Gutman I. The Energy of a Graph: Old and New Results[M]//Betten A, Kohner A, Laue R, Wassermann A. Algebraic Combinatorics and Applications. Berlin: Springer, 2001: 196-211.

[16] Gutman I, Cyvin S J. Introduction to the Theory of Benzenoid Hydrocarbons[M]. Berlin: Springer-Verlag, 1989.

[17] Zheng Jie. The General Connectivity Indices of Catacondensed Hexagonal Systems[J]. Journal of Mathematical Chemistry, 2010, 47 (3): 1112-1120.

[18] Rada J. Hexagonal Systems with Extremal Connectivity Index [J]. MATCH Communications in Mathematical and in Computer Chemistry, 2004, 52: 167-182.

[19] Wu Renfang, Deng Hanyuan. The General Connectivity Indices of Benzenoid Systems and Phenylenes [J]. MATCH Communications in Mathematical and in Computer Chemistry, 2010, 64: 459-470.

[20] 徐媛媛, 朱慶華. 社會網路分析法在引文分析中的實證研究[J]. 情報理論與實踐, 2008, 31 (2): 184-188.

[21] 樊瑛, 狄增如, 何大韌. 探討社會網路理論與分析的幾個問題[J]. 複雜系統與複雜性科學, 2010, 7 (2-3): 38-41.

[22] Emmert-Streib F, Dehmer M. Identifying Critical Financial Networks of the DJIA: Toward a Network-Based Index[J]. Complexity, 2010, 16 (1): 24-33.

[23] Tsay R S. Analysis of Financial Time Series [M]. New York: John Wiley & Sons, 2005.

[24] Rencher A C. Methods of Multivariate Analysis[M]. New York: John Wiley & Sons, 2003.

網路科學中的度量分析與應用

作　　者：陳增強，雷輝，史永堂

發 行 人：黃振庭

出 版 者：崧燁文化事業有限公司

發 行 者：崧燁文化事業有限公司

E-mail：sonbookservice@gmail.com

粉 絲 頁：https://www.facebook.com/
　　　　　sonbookss/

網　　址：https://sonbook.net/

地　　址：台北市中正區重慶南路一段六十一號八
　　　　　樓 815 室

Rm. 815, 8F., No.61, Sec. 1, Chongqing S. Rd.,
Zhongzheng Dist., Taipei City 100, Taiwan

電　　話：(02) 2370-3310

傳　　真：(02) 2388-1990

印　　刷：京峯彩色印刷有限公司（京峰數位）

律師顧問：廣華律師事務所 張珮琦律師

定　　價：360 元

發行日期：2022 年 03 月第一版

◎本書以 POD 印製

國家圖書館出版品預行編目資料

網路科學中的度量分析與應用 / 陳
增強，雷輝，史永堂著 . -- 第一版 .
-- 臺北市：崧燁文化事業有限公司，
2022.03
　　面；　公分
POD 版
ISBN 978-626-332-119-9(平裝)
1.CST: 電腦網路 2.CST: 網路分析
312.16　　111001504

電子書購買

臉書